Berichte aus dem Institut für Umformtechnik der Universität Stuttgart

Herausgeber: Prof. Dr.-Ing. K. Lange

82

Eberhard Nehl

Messung des Werkzeugverschleißes bei der Kalt- und Halbwarmumformung mit Radionukliden

Mit 55 Abbildungen und 11 Tabellen

Springer-Verlag
Berlin Heidelberg New York Tokyo 1986

Dipl.-Ing. Eberhard Nehl
Institut für Umformtechnik
Universität Stuttgart

Dr.-Ing. Kurt Lange
o. Professor an der Universität Stuttgart
Institut für Umformtechnik

D 93

ISBN-13 : 978-3-540-16497-5   e-ISBN-13 : 978-3-642-82798-3
DOI : 10.1007 / 978-3-642-82798-3

Gesamtherstellung: Copydruck GmbH, Offsetdruckerei, Industriestraße 1-3, 7258 Heimsheim
Telefon 0 70 33/38 25-26
2362/3020—543210

Die Umformtechnik zeichnet sich durch sehr gute Werkstoffaus-
wertung und hohe Mengenleistung in der Serienfertigung gegenüber anderen Fertigungsverfahren aus, wobei Beibehaltung der
Masse, Änderung der Festigkeitseigenschaften während eines Vor-
gangs und elastische Rückfederung der Werkstücke nach einem
Vorgang wesentliche Merkmale sind. Weiter sind die benötigten
Kräfte, Arbeiten und Leistungen sehr viel größer als z.B. bei
spanenden Verfahren. Die sichere Beherrschung eines Verfahrens
in der industriellen Fertigung und die zunehmende Forderung
nach Vermeidung bzw. Minimierung spanender Nacharbeit erzwingen
die geschlossene Betrachtung des Systems "Umformende Fertigung"
unter zentraler Berücksichtigung plastizitätstheoretischer,
werkstoffkundlicher und tribologischer Grundlagen.

Das Institut für Umformtechnik der Universität Stuttgart stellt
entsprechend Forschung und Entwicklung zum einen auf die Erar-
beitung von Grundlagenwissen in diesen Bereichen ab, zum anderen
untersucht und entwickelt es Verfahren unter Anwendung spezieller Meßtechniken mit dem Ziel einer genauen quantitativen Ermittlung des Einflusses der Parameter von Vorgang, Werkstoff,
Werkzeug und Maschine. Die Behandlung von Problemen des Maschi-
nenverhaltens, der Maschinenkonstruktion sowie der Werkzeugaus-
legung und -beanspruchung, der Auswahl hochbeanspruchbarer,
verschleißfester Werkzeugbaustoffe und schließlich der Tribologie gehört entsprechend ebenfalls zum Arbeitsgebiet, das
durch die Erfassung organisatorischer und betriebswirtschaft-
licher Fragen abgerundet wird.

Im Rahmen der "Berichte aus dem Institut für Umformtechnik" er-
scheinen in zwangloser Folge jährlich mehrere Bände, in denen
über einzelne Themen ausführlich berichtet wird. Dabei handelt
es sich vornehmlich um Abschlußberichte von Forschungsvorhaben,
Dissertationen, aber gelegentlich auch um andere Texte. Diese
Berichte sollen den in der Praxis stehenden Ingenieuren und
Wissenschaftlern zur Weiterbildung dienen und eine Hilfe bei
der Lösung umformtechnischer Aufgaben sein. Für die Studieren-

den bieten sie die Möglichkeit zur Vertiefung der Kenntnisse.
Die seit zwei Jahrzehnten bewährte freundschaftliche Zusammen-
arbeit mit dem Springer-Verlag sehe ich als beste Voraussetzung
für das Gelingen dieses Vorhabens an.

Kurt Lange

<u>Vorwort</u>

Die vorliegende Arbeit entstand während meiner Tätigkeit als wissenschaftlicher Mitarbeiter am Institut für Umformtechnik der Universität Stuttgart.

Herrn Professor Dr.-Ing. K. Lange danke ich für sein Vertrauen und seine wohlwollende Unterstützung bei der Durchführung dieser Arbeit.

Herrn Professor Dr.-Ing. H. Uetz bin ich für seine wertvollen Hinweise und Anregungen sehr dankbar.

Mein Dank gilt ferner Herrn Dr.-Ing. habil. K. Pöhlandt für die Betreuung und kritische Durchsicht der Arbeit sowie allen Mitarbeiterinnen und Mitarbeitern des Institutes für Umformtechnik, die zum Gelingen der Arbeit beigetragen haben.

Ebenfalls danken möchte ich Herrn Professor Dr. G. K. Wolf vom Physikalisch-Chemischen Institut -Radiochemie- der Universität Heidelberg für seine Unterstützung bei der Durchführung der Untersuchungen mit der Neutronenaktivierungsanalyse. Weiterhin gilt Herrn Dr.-Ing. J. Föhl und Herrn Dipl.-Ing. K.-J. Groß von der Materialprüfungsanstalt in Stuttgart mein besonderer Dank für die Hilfe beim Einsatz des Dünnschicht-Differenzen-Verfahrens. Darüber hinaus bin ich Herrn Opielka vom Max-Planck-Institut für Metallforschung, Institut für Werkstoffwissenschaft in Stuttgart, für die metallographischen Untersuchungen und die Erstellung der REM-Aufnahmen sehr dankbar.

Die Mittel zur Durchführung dieser Arbeit wurden vom Bundesministerium für Forschung und Technologie (BMFT) sowie vom Kernforschungszentrum Karlsruhe GmbH (KFK) zur Verfügung gestellt. Für diese Förderung bin ich zu Dank verpflichtet.

Stuttgart, Dezember 1985
Eberhard Nehl

Inhaltsverzeichnis

Abkürzungsverzeichnis

Wichtigste allgemeine Zeichen

A	mm²	Querschnitt, Stirnfläche
A(t)	Zerfälle/s	Aktivität
b	μm	Tiefe
d	mm	Durchmesser
D	mm	Durchmesser
F	N	Kraft
h	mm	Höhe
H	mm	Hub
I	-	Impulszahl, Impulsrate
k	-	Konstante
k_f	N/mm²	Fließspannung
l	mm	Meßstrecke
m	g	Masse
M	g/mol	Molekulargewicht
n	-	Anzahl, Zählrate
N	-	Anzahl
N_L	1/mol	Avogadro'sche Zahl
R	mm	Radius
R_m	N/mm²	Zugfestigkeit
R_{ZDIN}	μm	gemittelte Rauhtiefe
s	mm	Tiefe, Schicht
t	s	Zeit, Meßpunkt, Zeitpunkt
T	°C	Temperatur
$T_{1/2}$	s	Halbwertszeit
v	mm/s	Geschwindigkeit
VB(t)	μm	Verschleißbetrag
W	μm	Verschleißbetrag
γ	eV	Radioaktive Strahlung
ε	-	Formänderung
λ	1/s	Zerfallskonstante
λ_c	mm	Grenzwellenlänge
μ	-	Reibungszahl
σ	N/mm²	Spannung

σ	cm²	Wirkungsquerschnitt
φ	-	Umformgrad
ϕ	1/s·cm²	Flußdichte der Teilchen

Indizes

A	Aktivierungs...
E	Einlauf...
ges	Gesamt...
H	Hub...
i	Innen...
k	kleinste erforderliche
N	Nenn...
R	Radius..., Rohteil...
S	Stauchbahn...
t	Tast...
W	Wirk...
x	variabler
0	Anfangs..., Rohteil...
1	Anfangs...
2	End...

Abkürzungen

DDV	Dünnschicht-Differenzen-Verfahren
DMV	Durchfluß-Meß-Verfahren
GeLi	Germanium-Lithium
HRC	Härte Rockwell
HV	Härte Vickers
KFK	Kernforschungszentrum Karlsruhe
NAA	Neutronenaktivierungsanalyse

NaJ	Natrium-Jodid
NRFP	Napf-Rückwärts-Fließpressen
REM	Raster-Elektronen-Mikroskop
RNT	Radionuklidtechnik
SR	Schleifrichtung
WC	Wolfram-Karbid

1   Einleitung

Für die fertigungstechnisch ausgereiften Verfahren der Massivumformung
mit ihren leistungsstarken Maschinen ist die Grenze der Wirtschaftlichkeit durch die im Einsatz befindlichen Werkzeuge gegeben. Die Lebensdauer, d.h. die Standzeit der Werkzeuge hängt von zahlreichen Einflußgrößen, wie dem Umformverfahren, der Fließspannung und der Oberflächenbeschaffenheit des Werkstückstoffs, der Werkzeuggeometrie, der Schmierung und der Kühlung sowie den Maßtoleranzen der Fertigteile ab. Das
Versagen tritt entweder durch Bruch oder Verschleiß der Werkzeuge auf.
Dabei dominiert das Versagen durch Verschleiß sowohl im Fall niedriger
Werkzeugbeanspruchung als auch dann, wenn sehr enge Maßtoleranzen eingehalten werden müssen.

Zur Einsparung von Material und Energie - Reibung und Verschleiß führen
in der Bundesrepublik Deutschland zu Verlusten, deren Höhe auf jährlich
15 Mrd DM geschätzt wird [1] - aber auch um Stillstandzeiten von
Maschinen zu verkürzen bzw. zu vermeiden, sollen durch die Verwertung
tribologischer Kenntnisse Reibung und Verschleiß vermindert werden.
Unter Verschleiß soll hier nur die ungewollte Abnutzung der Werkzeugoberflächen verstanden werden, die zur Veränderung der formgebenden
Wirkflächen der Werkzeuge und somit der Geometrie der zu fertigenden
Werkstücke führt.

Zur experimentellen Ermittlung und darauf aufbauend zur verläßlichen
Voraussage von Verschleiß an Umformwerkzeugen der Massivumformung sind
umfangreiche Versuchsreihen notwendig. Dabei besteht die Forderung, den
Verschleiß unter fertigungsähnlichen Bedingungen zu ermitteln.

Im Prinzip liefern nur hohe gefertigte Stückzahlen Ergebnisse, die
konkrete Aussagen möglich machen [2] . Es besteht daher als Alterna-
tive die - bisher wenig angewandte - Möglichkeit, zur Bestimmung des
Verschleißbetrages mit einem empfindlichen Meßsystem zu arbeiten, das
schon mit einer geringen Zahl von Versuchen Aussagen ermöglicht. Dabei
muß sich der Verschleißbetrag eindeutig dem zu untersuchenden Werkzeug-
element zuordnen lassen, ohne daß verschleißbedingte Abnutzungser-
scheinungen das Meßergebnis verfälschen.

Laborversuche zur Verschleißuntersuchung mit genauen Meßverfahren
[3] bieten die Möglichkeit einer Parametervariation und damit einer
systematischen und umfassenden Untersuchung.

Aus diesen Überlegungen ergibt sich die Forderung, ein ausreichend
genaues Verfahren zu entwickeln und zu erproben, das über den Werkzeugverschleiß bei der Massivumformung auch bei geringer gefertigter Teile-
zahl übertragbare Zahlenwerte liefert. In dieser Arbeit wird ein Beitrag hierzu geleistet, der sich auf die Radionuklidtechnik zur Entwicklung eines zuverlässigen Kurzzeit-Verschleißmeßverfahrens stützt.

Die Verschleißminderung ist eine wesentliche Möglichkeit zur Einsparung wertvoller Rohstoffe. Daher wurde in den letzten Jahren eine Vielzahl von Maßnahmen zur Erforschung des Verschleißes und daraus folgend zur Verschleißverringerung getroffen.

Die Verschleißprüfverfahren entwickelten sich sowohl in Richtung zur Prüfung bestehender Bauteilsysteme als auch in Richtung zur Einführung von Modellsystemen, die eine Bewertung grundlegender Zustände und Zusammenhänge ermöglichen sollen [4, 5, 6] .

Verschleißuntersuchungen an Umformwerkzeugen für die Massivumformung konzentrierten sich bisher vor allem auf die Verfahren der Warmumformung. So wurde der Verschleiß beim Stauchen zwischen ebenen Bahnen im Temperaturbereich von 1000°C bis 1200°C untersucht [7]. Weitere Untersuchungen betreffen den Verschleiß beim Gesenkschmieden [8, 9] . Die Temperaturbeanspruchung der Oberflächenschicht von Gesenken ist gekennzeichnet durch sich wiederholende kurzzeitige Temperaturanstiege, die bei Überschreiten der Anlaßtemperatur zur Entfestigung der Gravuroberfläche und so zu starkem Verschleiß führen [10].

Nach [11] ist die Übertragbarkeit der Versuchsergebnisse von Stauchversuchen auf das Gesenkschmieden mit Mängeln behaftet, so daß spezielle Verfahren entwickelt wurden, die praxisnahe Untersuchungsmethoden zur Ermittlung des Verschleißverlaufes ermöglichen. (Zur Frage der Übertragbarkeit der Ergebnisse von Stauchversuchen auf andere Umformverfahren s. auch Kap. 8.)

Für den Temperaturbereich der Halbwarmumformung liegen Ergebnisse vor, die durch Stauchen zwischen ebenen Bahnen gewonnen wurden [2].

Zur Kurzzeit-Verschleißprüfung für die Warmumformung wurde eine neue Prüfmaschine [12] entwickelt, die die Möglichkeit bietet, Warmarbeitsstähle auf ihre Einsatzmöglichkeiten hin zu untersuchen. Ein neues Kurzzeit-Prüfverfahren für Hartmetall-Schneid- und Umformwerkzeuge wurde von Nittel [13] vorgeschlagen. Der Verschleiß von Stempeln beim Lochen kann nach Becker [14] mit einem Kurzzeit-Schmierstoffprüfverfahren untersucht werden. Diese Vorgehensweise - ein Originalstempel wird mit vorgegebener Kraft an eine sich drehende, gezahnte Ronde, bestehend aus dem zu lochenden Blechwerkstoff, gepreßt und durch diese in sehr kurzer Zeit verschlissen - soll beispielhaft die Möglichkeiten aufzeigen, in die Verschleißuntersuchungen und -prüfverfahren gehen können.

Über weitere Verschleißprüfmaschinen und -anordnungen zur Ermittlung und Prüfung der Werkzeugoberflächen, der Reibung und Schmierung berichten Kudo, Oyane u.a. [15,16,17,18] . Kudo u.a. [15] entwickelten ein keilförmiges Werkzeug, das Kerben in einen Werkstoffstreifen einritzt. Durch Verändern der Werkzeuggeometrie wird versucht, den Einfluß von verschiedenen Werkzeugkonturen bei der Kaltmassivumformung mit unterschiedlichen Werkzeugwerkstoffen und Schmierstoffen zu simulieren. Wanheim u.a. [19] beschreiben eine neue Versuchseinrichtung, die es ermöglicht, die Einflüsse der Normalkräfte, der wirkenden Tangentialspannungen, der Geometrie der im Eingriff befindlichen Oberflächen, der Eigenschaften und Wirkungen der Schmierstoffe etc. zu erfassen.

Eine Übersicht über bisher angewandte und eingeführte Verschleiß- und Schmierstoff-Prüfverfahren für die Massivumformung wird in [20,21] gegeben; Gräbener [22] geht auf spezielle Prüfverfahren ein und entwickelte einen neuartigen Modellversuch, der es erlaubt, u.a. höhere relative Flächenpressungen zu erreichen und damit reale Umformbedingungen besser zu simulieren.

Die Übertragbarkeit von Modell-Verschleißmeßergebnissen in die Praxis ist nicht ohne weiteres möglich. Zunächst müssen die Einflüsse der einzelnen Komponenten auf das Verschleißverhalten bekannt sein, denn es handelt sich nicht um reine Werkstoffeigenschaften, sondern um Systemeigenschaften [23,24]. Krause u.a. [25] erarbeiteten ein Verschleißversuchs-Schema, das zeigen soll, unter welchen Bedingungen praxisnahe Ergebnisse gewonnen werden können. Modell-Verschleißprüfungen sind jedoch nach wie vor umstritten. Verschleißversuche müssen möglichst praxisorientiert und in enger Anlehnung an den konkreten Verschleißfall durchgeführt werden. Auch in Arbeiten von Habig [26] und Eßlinger u.a. [27] werden Möglichkeiten und Anwendungen von Modell-Verschleißprüfungen diskutiert.

Als Nachweisverfahren für kleinste Partikel, wie sie z.B. beim Abrasivverschleiß als Abrieb auftreten können, hat sich in einigen Praxisversuchen die Radionuklidtechnik (RNT) bewährt. Die Einsatzmöglichkeiten der RNT für Verschleiß- und Schmierstoffuntersuchungen wurden in Übersichtsbeiträgen von mehreren Autoren zusammengefaßt [28,29, 30]. Dabei wird herausgestellt, daß die RNT trotz ihrer großen Vorteile - u.a. hohe Meßempfindlichkeit und Möglichkeit zur kontinuierlichen Messung - in der Technik noch nicht die breite Anwendung wie z.B. in der Medizin gefunden hat.

Grundlegende Aussagen über Verschleißmessungen mit radioaktiven Isotopen werden in [31-37] gemacht.

Eine wirtschaftlich-technische Analyse über die Verwendung der RNT, speziell zur Messung des Verschleißes von Bauteilen in der Motorenentwicklung, wurde in [38] durchgeführt. Dabei wurden die verschiedenen Meßtechniken auch unter wirtschaftlichen Gesichtspunkten miteinander verglichen und bewertet. Durch die empfindliche und schnelle Messung an wichtigen Bauteilen kommt seit langem sowohl in der Automobilindustrie als auch bei der Entwicklung von großen Maschinen wie z.B. Schiffsmotoren der Verschleißuntersuchung mit Hilfe der RNT große Bedeutung zu [28,39].

Ein spezielles Verfahren der RNT, das Messen mit dem Dünnschicht-Differenz-Verfahren (DDV) - hierbei wird die durch Verschleiß abgetragene Materialmenge aus der Abnahme der Gesamtaktivität eines aktivierten Teils ermittelt - wird in der Maschinen- und Motorenentwicklung angewandt. Für den Bereich der Verfahrenstechnik wird in [40] eine Doppelschneckenmaschine zur Kunststoffverarbeitung beschrieben, deren Bauteile starken Verschleißbeanspruchungen ausgesetzt sind. Zur kontinuierlichen Verschleißmessung wurde eine Stelle eines der Knetblöcke aktiviert, um mit Hilfe des DDV kurzzeitig wechselnde Verschleißprozesse zu erfassen. Die so erhaltenen Erfahrungen konnten als Basis für Werkstoff- und Konstruktionsoptimierung oder Klassifizierung von Produkten hinsichtlich ihrer Verschleißwirkung dienen.

Auch in der Umformtechnik wurden Untersuchungen zum Verschleißverhalten mit der RNT durchgeführt. Der Werkstoffverlust an Kaltfließpreßstempeln je Einzelvorgang ist extrem gering (einige μg), so daß zu dessen Erfassung entweder eine große Fertigungsstückzahl oder ein sehr empfindliches Meßverfahren erforderlich ist. Schlowag u.a. [3, 41] versuchten durch Aktivierung des Stempels im Neutronenfluß eines Kernreaktors, den beim Verschleißvorgang vom Stempel auf das Werkstück übertragenen Werkstoff quantitativ zu erfassen. Dabei wurde schon bei relativ kleiner Probenzahl (ca. 400 Stück) eine durch den Werkstoffübertrag verursachte Änderung der Impulsrate an den Napfinnenwänden gemessen. Der prinzipielle Unterschied zwischen diesem Verfahren und dem aufwendigeren und teureren DDV ist die wesentlich höhere Gesamtaktivität des im Neutronenfluß aktivierten Stempels. Vermutlich muß an der Oberfläche, da ja der Abrieb als Werkstoffübertrag im Napf ermittelt werden soll, eine erheblich höhere spezifische Aktivität vorhanden sein, als beim DDV. Außerdem trägt das nutzlos mitaktivierte Volumen des Fließpreßstempels zur Gesamtaktivität bei, so daß die Versuchsdurchführung nur in einem abgegrenzten Bereich stattfinden kann.

Wie aus dem Stand der Erkenntnisse hervorgeht, ist es erforderlich, ein Verfahren für die Massivumformung einzuführen, das unter praxisnahen Bedingungen eine Verschleißprüfung und -messung ermöglicht. Dazu soll als Umformverfahren neben dem Grundverfahren Stauchen auch das Napf-Rückwärts-Fließpressen zur Anwendung kommen. Hier treten extreme Belastungen auf, die höchste Anforderungen an die Umformwerkzeuge, besonders den Stempel, und an die Schmierstoffe stellen. Der Verschleiß wird sich am Fließbund des Stempels zeigen, da dieser den größten Beanspruchungen (mechanischer, thermischer, tribologischer und chemischer Art) ausgesetzt ist (Bild 1). Stempelausfall durch Verschleiß tritt meist durch Abrieb des Fließbundes, weniger durch Riefen und Ausbrechungen auf [42].

Zur Verschleißmessung wird ein Verfahren angestrebt, das es ermöglicht, den Verschleiß bei wesentlich geringer Werkstückzahl als bisher quantitativ zu erfassen. Hierfür kommen die erwähnten Verfahren durch Bestimmung mittels radioaktiver Isotope in Betracht:
- die Neutronenaktivierungsanalyse und
- die Dünnschichtaktivierung.

Nach der Einführung des geeigneten Verfahrens soll das Verschleißverhalten verschiedener Werkzeugwerkstoffe in Abhängigkeit von Verfahrensparametern untersucht werden. Die Auswertung kann Hinweise auf Möglichkeiten zur Verschleißminderung liefern.

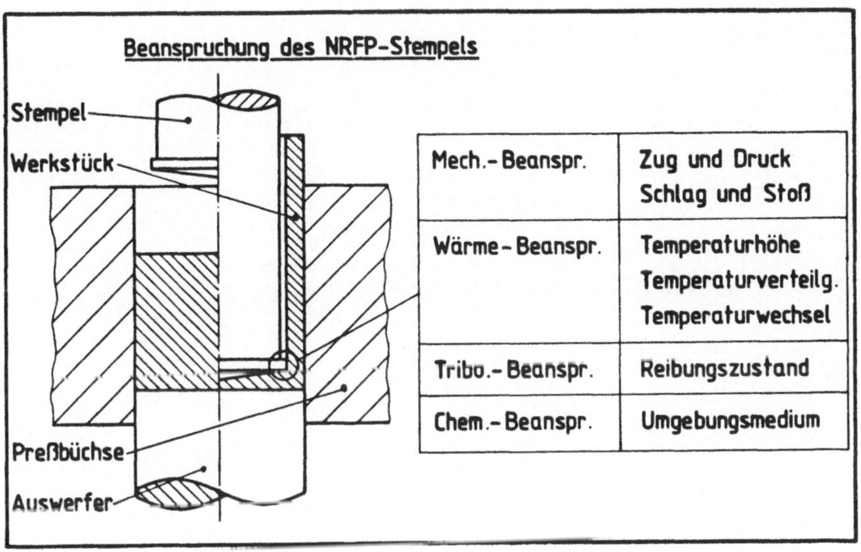

Mech.-Beanspr.	Zug und Druck Schlag und Stoß
Wärme-Beanspr.	Temperaturhöhe Temperaturverteilg. Temperaturwechsel
Tribo.-Beanspr.	Reibungszustand
Chem.-Beanspr.	Umgebungsmedium

Bild 1: Beanspruchung des Fließbundes.

3   Verschleiß

3.1   Grundlagen

DIN 50 320 definiert den Verschleiß folgendermaßen [43] : "Verschleiß ist der fortschreitende Materialverlust aus der Oberfläche eines festen Körpers, hervorgerufen durch mechanische Ursachen, d. h. Kontakt und Relativbewegung eines festen, flüssigen oder gasförmigen Gegenkörpers".

Unter Berücksichtigung der Eigenschaften von Gebrauchsgegenständen kann Verschleiß verstanden werden als die unerwünschte Veränderung der Oberfläche durch Lostrennen kleiner Teilchen vorwiegend infolge primärer Einwirkungen einer mechanischen Energieform bzw. mechanischer Ursachen [44].

Dabei wird die Beanspruchung der Oberfläche eines festen Körpers durch Kontakt und Relativbewegung eines festen, flüssigen oder gasförmigen Gegenkörpers als tribologische Beanspruchung bezeichnet.

Die tribologische Beanspruchung ist neben der rein mechanischen, thermischen und chemischen Beanspruchung als eine gesonderte Beanspruchungsart anzusehen. Diese ist dadurch gekennzeichnet, daß sie auf die Werkstückoberfläche konzentriert ist und zum Werkstückstoffinneren hin abklingt. Tribologische Beanspruchungen führen also zum Verschleiß, der durch geeignete konstruktive, werkstofftechnische oder schmierungstechnische Maßnahmen in Grenzen gehalten, aber in der Regel nicht völlig unterbunden werden kann [45].

Der Verschleiß ist als ein komplexer Vorgang anzusehen, der durch die "Elemente des Tribosystems" bezeichnet wird (Bild 2); sie charakterisieren mit ihren tribologisch wichtigen "Eigenschaften" und "Wechselwirkungen" die "Struktur des Tribosystems". Die auf die Elemente des Tribosystems von außen einwirkenden Beanspruchungsgrößen bilden das "Beanspruchungskollektiv" (Bild 3)[43].

Verschleißvorgänge in der Umformtechnik, die anders als bei elastisch verformten Partnern (wie z.B. Lagern), mit plastischer Verformung (= Umformung) eines Reibpartners - des Werkstücks - stattfinden, sind zeitabhängige, dynamische Abläufe; ihre Systemanalyse muß somit außer dem Endzustand auch den Anfangszustand mit berücksichtigen, um den Vorgang erfassen und daraus auf den Verschleißmechanismus schließen zu können.

Je nach dem tribologischen Beanspruchungsfall können am Werkzeug verschiedene Verschleißarten wie Gleitverschleiß, Prallverschleiß, Stoßverschleiß u.a. (s. DIN 50 320) in Kombination mit unterschiedlichen Verschleißmechanismen auftreten: Adhäsion, Abrasion, Oberflächenzerrüttung, tribochemische Reaktionen (Bild 4).

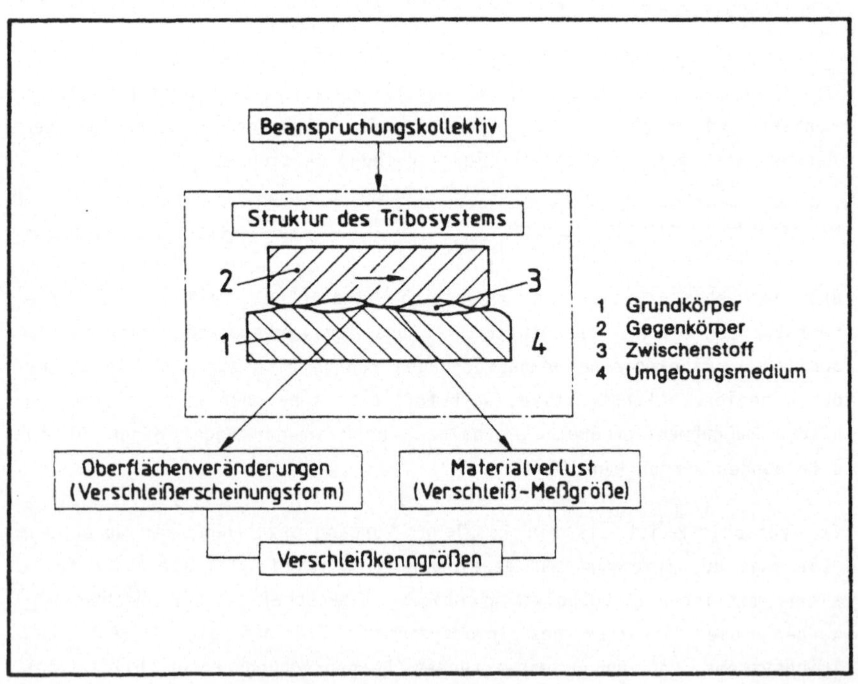

Bild 2: Tribologisches System nach DIN 50 320.

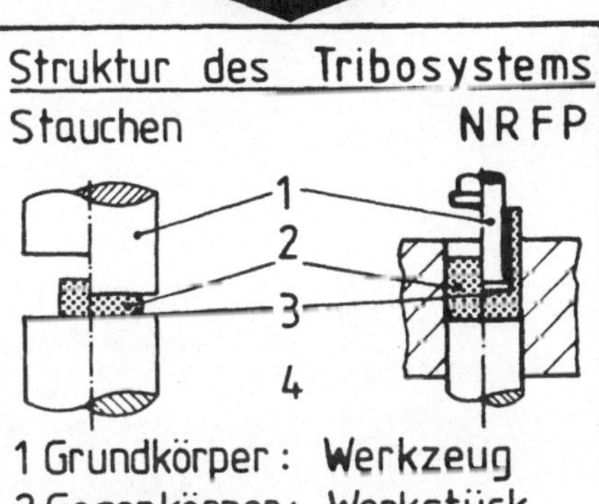

Bild 3: Beanspruchungskollektiv beim Stauchen und Napf-Rückwärts-Fließpressen.

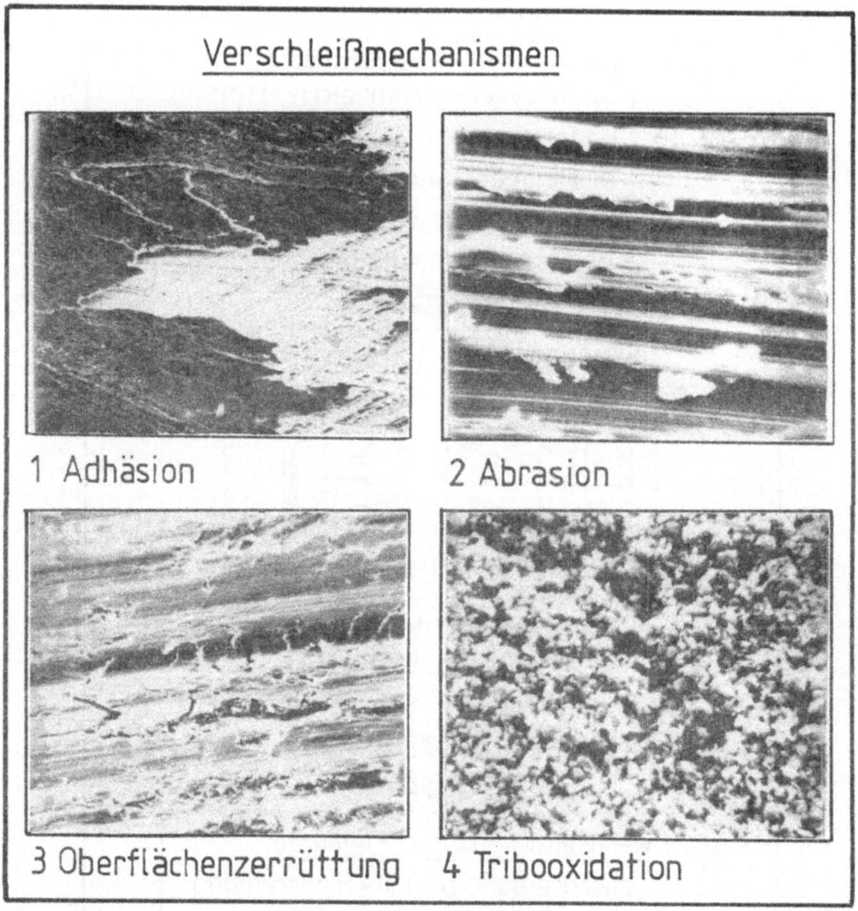

Bild 4: Verschleißmechanismen.

Adhäsion

Adhäsion beschreibt die Entstehung von atomaren Haftkräften zwischen den Reibpartnern - die die Kohäsionsfestigkeit der unter hohem Flächendruck angenäherten Atomgitter erreichen können - und die Möglichkeit der Kalt- oder Warmverschweißung. Treten nur geringe Adhäsionskräfte zwischen ungleichen Reibpartnern auf, wird in der ursprünglichen Berührebene abgeschert. Bei hohen Haftkräften wird die Scherebene in den weicheren Werkstoff verlagert, und die Trennung erfolgt in einer Ebene minimaler Scherfestigkeit. Diese Ebene liegt meist im Übergangsbereich zwischen der durch die Scherkräfte kaltverfestigten Oberflächenzone und dem Grundwerkstoff [46].

Abrasion

Abrasion bezeichnet den Trennvorgang im Bereich der inneren Grenzschicht eines Reibpartners (Bild 5). Dabei dringt der härtere Reibpartner in den weicheren ein und trägt durch ritzende Beanspruchung Werkstoff ab ("Mikrozerspanung").

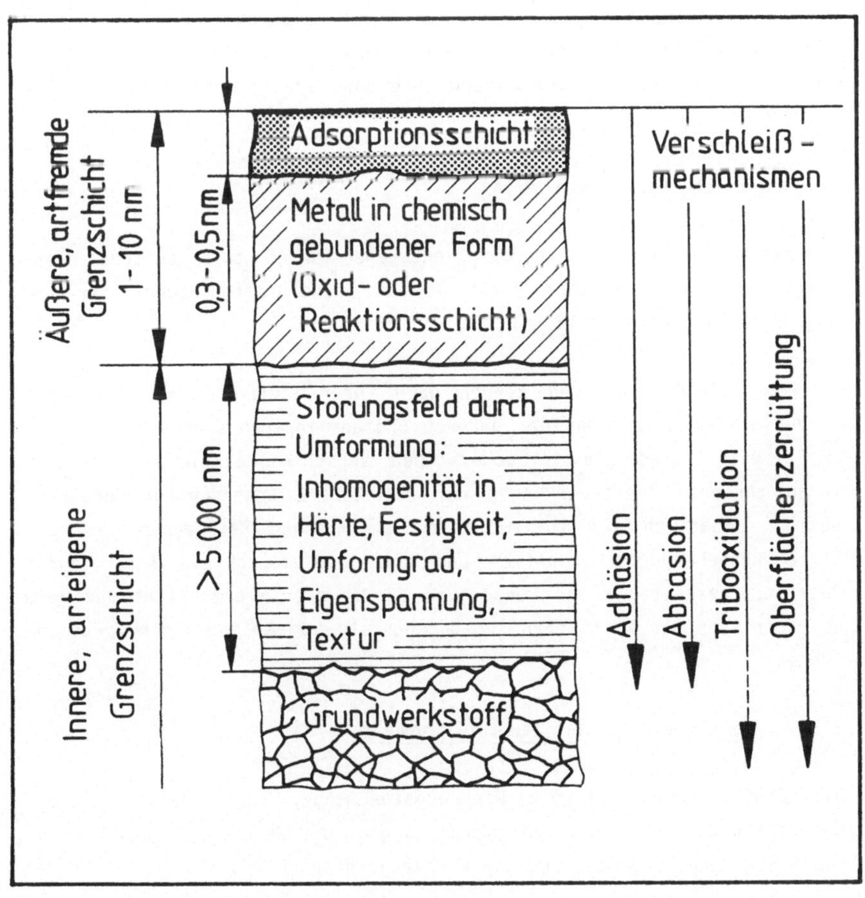

Bild 5: Aufbau metallischer Oberflächen und Tiefenwirkung verschiedener Verschleißmechanismen [47].

Bei metallischen Reibpaarungen treten häufig abrasive und adhäsive Verschleißmechanismen gemeinsam auf und verstärken sich wechselseitig.

Zur Verbesserung des abrasiven Verschleißwiderstandes gegenüber metallischen Stoffen kann die Oberflächenhärte des Werkzeuges durch Stoffumwandlung (Härten, Nitrieren, Borieren u.ä.) oder durch Stoffauftrag (Auftragschweißen, Galvanisieren, Aufsintern u.ä.) erhöht werden.

Oberflächenzerrüttung

Die Oberflächenzerrüttung besteht in einer Ermüdung und Rißbildung in der inneren Grenzschicht im Oberflächenbereich. Sie entsteht durch tribologische Wechselbeanspruchung, die dann zur Materialtrennung führt (z.B. Grübchenbildung).

Tribochemische Reaktionen

Tribochemische Reaktionsprodukte entstehen durch tribologische Beanspruchung bei chemischer Reaktion von Grundkörper, Gegenkörper und angrenzendem Medium (Bild 4).

Die Verschleißmechanismen können nach ihrer Tiefenwirkung unterteilt werden in Schadensformen der äußeren und der inneren Grenzschicht (Bild 5). Dabei sind die tribochemischen Verschleißreaktionen, die mit ihren geringen Tiefenwirkungen nur die äußere Grenzschicht berühren, weniger schädlich als die mechanisch-thermischen Reibbeanspruchungen. Diese können durch adhäsiven und abrasiven Verschleiß sowie durch Oberflächenzerrüttung zur Schädigung der inneren Grenzschicht und beim Überschreiten der kritischen Schädigungsrate zum Erliegen der Werkzeuge führen.

3.2   Verschleiß bei der Massivumformung

Die Einflußgrößen auf die Werkzeugstandmenge können gemäß Bild 6 unterteilt werden in die Umformbedingungen, die Werkstückeigenschaften, die Maschinenbedingungen und die Werkzeugeinflüsse.

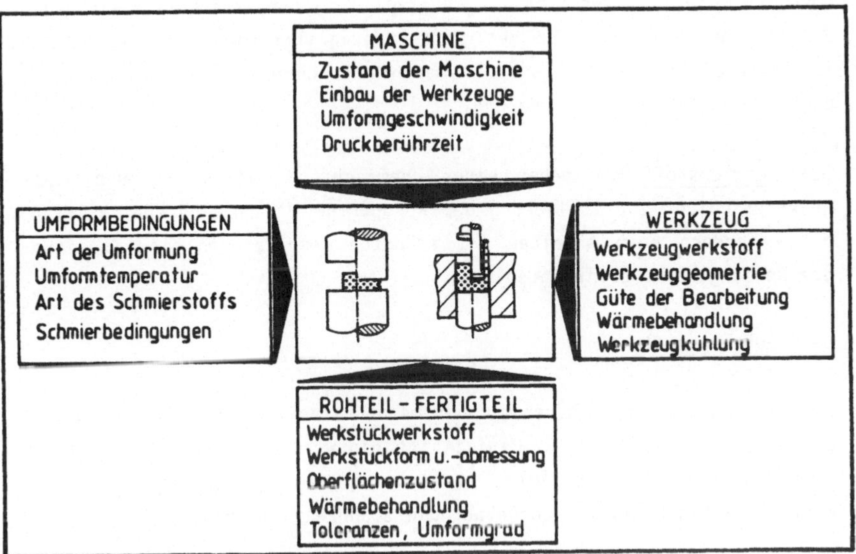

Bild 6: Einflußgrößen auf den Werkzeugverschleiß beim Stauchen und Napf-Rückwärts-Fließpressen.

Die wichtigsten den Verschleiß beeinflussenden Parameter sind:

- das Umformverfahren und der Umformgrad,
- der Werkstoff (Paarung: Werkstück - Werkzeug),
- die Umformtemperatur und
- die Schmierung bzw. der Schmierstoff.

Der Werkzeugverschleiß wird maßgeblich durch den Beanspruchungsfall beim jeweiligen Umformverfahren bestimmt. Extreme Belastungen - und damit stärkster Verschleiß - treten beim Napf-Rückwärts-Fließpressen auf.

Bei Vorgabe des Werkstückwerkstoffs bestimmt der zu wählende Werkzeugwerkstoff, der einen möglichst hohen Widerstand gegenüber den wirkenden Verschleißmechanismen bieten soll, das Verschleißverhalten des Systems.

Umformtemperaturen im Halbwarmbereich (bei Stahlwerkstoffen etwa zwischen 500°C und 800°C) vermindern Umformkräfte und erhöhen das

Umformvermögen des Werkstoffs. Die Ermittlung der tatsächlich wirkenden Grenzflächentemperatur und des sich ständig ändernden Temperaturfeldes ist schwierig; dieses wird u.a. beeinflußt durch Reaktionsschichtbildung und Festigkeitsverminderung.

Der <u>Schmierstoff</u> hat neben einer chemischen Funktion (Bildung einer Reaktiosschicht zur Isolierung der Reibpartner) noch eine Kühlfunktion, die besonders beim Arbeiten mit erhöhten Temperaturen eine Ableitung der Reibungswärme bewirken soll.

<u>Werkzeugwerkstoffe</u>

Die Umformwerkzeuge gehören zu den am höchsten beanspruchten Teilen im Gesamtbereich der Technik. Demnach ist die Werkzeugwerkstoffauswahl von grundlegender Bedeutung. Dabei lassen sich drei Anforderungsgruppen als charakteristische Wirkfaktoren auf die Standzeit angeben [42]:

- <u>Formbeständigkeit</u>

Die Formbeständigkeit bedingt eine ausreichende Härte und Elastizität, die in einem bestimmten Verhältnis zueinander stehen sollen. Die Härte beeinflußt neben der Bruchsicherheit vor allem den Verschleißwiderstand, der für die Gebrauchstüchtigkeit ähnliche Bedeutung hat wie die Formbeständigkeit.

- <u>Zähigkeit</u>

Die Zähigkeit beschreibt oft die Forderung nach Bruchsicherheit, d.h. der Werkstoff muß eine gewisse Duktilität aufweisen, um während der Umformung auftretende Spannungsspitzen abzubauen. Sehr harte Werkstoffe erfüllen diese Forderung im allgemeinen nicht.

- <u>Verschleißbeständigkeit</u>

Wie in Kapitel 3.1 bereits aufgeführt, hängt die Standzeit der Werkzeuge stark von der Ausbildung ihrer Oberflächen ab. Tritt Verschleiß, Riefenbildung, Korrosion oder Rißbildung auf, so wird das Werkzeug unbrauchbar.

Ein hoher Kohlenstoffgehalt bzw. Karbidgehalt gewährleistet eine gute Verschleißbeständigkeit; jedoch wird dadurch die Zähigkeit vermindert. So muß durch genaue Kenntnis der auftretenden größten Spannungen und Dehnungen sowie der Beanspruchungsrichtungen und -größen ein für den Anwendungsfall günstiger Werkzeugwerkstoff gefunden werden.

Temperatureinflüsse

Die Halbwarmumformung soll die Vorteile der Kaltumformung - gute Werkstückgenauigkeit und Oberflächengüte - und der Warmumformung - erhöhtes Umformvermögen und geringerer Kraftbedarf - miteinander verbinden. Der Temperaturbereich für die Halbwarmumformung von Stahlwerkstoffen ist zu tiefen Temperaturen hin durch das Gebiet der Blausprödigkeit - ca. $200^{o}C$ bis $500^{o}C$ - und zu hohen Temperaturen hin durch die bei etwa $800^{o}C$ verstärkt einsetzende Zunderbildung begrenzt. Zunder ist je nach Wärmezeit ab ca. $600^{o}C$ bis $700^{o}C$ feststellbar. Bei gleicher Erwärmung verhalten sich die Zunderschichtdicken von Baustählen bei $700^{o}C$, $900^{o}C$ und $1200^{o}C$ wie 1 : 5 : 50 [48] .

Der angegebene Temperaturbereich stellt an die Werkzeugwerkstoffe andere Anforderungen als beim Kalt- oder Warmfließpressen. Die eingesetzten Stähle müssen wie beim Warmpressen Anlaßbeständigkeit und hohe Temperaturwechselfestigkeit, gleichzeitig aber auch wie beim Kaltpressen hohe Druckbeständigkeit aufweisen [49]. Beim Napf-Rückwärts-Fließpressen kann die Stempelerwärmung je nach Werkstücktemperatur $200^{o}C$ bis $300^{o}C$ [2,50] und am Fließbund Spitzentemperaturen von über $700^{o}C$ [51] erreichen. Zudem treten infolge ungünstiger Reibbedingungen und möglichen Aufschrumpfens des Werkstückes auf den Stempel im Vergleich zum Kaltfließpressen höhere Rückzugkräfte auf, die eine hohe Zugfestigkeit der Stempelwerkstoffe erfordern.

Beim Stauchen können sich die Stauchbahnoberflächen infolge der Werkstücktemperatur (z.B. bei der Halbwarmumformung) bis auf über $200^{o}C$ erwärmen. Dadurch kommt es zu stark steigendem Verschleiß mit zunehmender Temperatur durch thermische Beanspruchung des Werkzeug-Werkstück-Systems [2].

Den Erfordernissen im Hinblick auf die mechanischen und thermischen Belastungen wird der Schnellarbeitsstahl S 6-5-2 am besten gerecht. Er hat eine ausreichende Härte sowohl bei niedrigen als auch bei höheren Temperaturen [51]. Für Beanspruchungen ≤ 1150 N/mm^2 wird ein 5 %iger Cr Mo V-Warmarbeitsstahl empfohlen [52].

Schmierstoffeinfluß

Das Verfahren mit den höchsten Anforderungen an die Schmierstoffe ist das Napf-Rückwärts-Fließpressen. Flächenpressungen können im Extremfall bis an die Grenzen der Werkzeugbelastbarkeit gehen; dabei sind starke Vergrößerungen der Werkstückoberflächen möglich. Zum Beispiel wird beim Fließpressen eines Napfes mit einer auf den Innendurchmesser bezogenen Innenhöhe von h_i/d_i = 3,5 die Rohteilstirnfläche auf etwa das 17-fache vergrößert [53].

Bei der Auswahl eines geeigneten Schmierstoffs ist es dringend notwendig, das gesamte Tribosystem zu betrachten:

- Umformzone
- Werkstückwerkstoff
- Wirkfuge zwischen Werkstück und Werkzeug
- Werkzeug
- Oberflächen- und Umgebungsreaktionen
- Werkzeugmaschine
- Betrieb.

Veränderungen eines Teils des Gesamtsystems beeinflussen die Bedingungen in der Wirkfuge und hier nicht nur den Aufbau von Spannungen und Kräften, sondern auch die Qualität der herzustellenden Werkstücke [54]. Die Reibungsbedingungen verändern den Stofffluß in der Umformzone und damit die Eigenschaften im Fertigteil. Der Schmierzustand in der Grenzfläche bildet sich in der Oberflächenstruktur der Werkstücke ab. Aus diesem Grund sollte der verwendete Schmierstoff nicht nur eine Verminderung der Umformkraft zum Ziel haben, sondern auch abgestimmt sein auf die Oberflächengestalt, die Toleranzen und mechanischen und metallurgischen Eigenschaften, die Möglichkeiten des Aufbringens und die Nicht-Belästigung bzw. Gesunderhaltung der Beschäftigten [50,55]. Eine Differenzierung zwischen verschiedenen Schmierstoffen allein anhand der bezogenen Stempelkräfte ist nicht möglich [53,56].

Während einer Umformung bei erhöhten Temperaturen unterliegt der
Schmierstoff starken thermischen Belastungen. So können in Dickenrich-
tung des Schmierfilms über sehr kurze Abstände außerordentlich große
Temperaturänderungen auftreten. Der Unterschied der Oberflächentempera-
turen von Werkzeug und Werkstück kann einige hundert Grad Celsius
betragen [57] . Unter diesen Voraussetzungen ist es besonders wichtig,
daß auch bei Abnahme der Dicke ein zusammenhängender Schmierfilm bestehen bleibt. Andernfalls kann unter Umständen die Lebensdauer eines
unvollständig benetzten Werkzeuges gegenüber einem Arbeiten ohne
Schmierstoff um 50 % niedriger sein, d. h. mangelhafte Schmierung kann
schlechter sein als gar keine [55].

Als "Hilfsfunktion" des Schmierstoffs kann das Kühlen angesehen werden.
Durch wirkungsvolle Kühlung wird die Standzeit entscheidend beeinflußt
[58,59] . Bei der Kühlung muß jedoch auf die Thermoschockempfindlichkeit
der Stähle, insbesondere der Wolframstähle, geachtet werden [55,58] .

Die wichtigsten Anforderungen an die bei der Halbwarmumformung verwendeten Schmierstoffe sollen an dieser Stelle kurz herausgestellt werden:

- <u>Adhäsion des Schmierstoffs</u>

Gute Haftung an Werkzeugen und Werkstücken weisen Schmierstoffe mit
kleinen Korngrößen auf [59]. Bei Graphiten gilt ein in Wasser als
Medium suspendierter Kolloidalgraphit, ein mit organischem Harzträger
verbundener Graphit, ein in Gitterform geänderter Graphit o. dgl. als
geeignet. Für einen in Flüssigkeit dispergierten Graphit sind Faktoren
wie Korngröße, Kornverteilung, Dispersionsvermögen und Viskosität für
die Güte der Schmierung maßgebend.

- <u>Temperaturbeständigkeit des Schmierstoffs</u>

Aus Gründen des Arbeits- und Unfallschutzes sollte der Schmierstoff
unbrennbar und möglichst rauchfrei sein; daher kommen besonders die
wasserlöslichen Schmierstoffe in Frage. Temperaturbeständig sind die in
Betracht kommenden Schmierstoffe nur in Grenzen. Graphit beginnt bei
ca. 450°C zu oxidieren und geht in Kohlendioxid über. MoS_2 und WS_2
verlieren den Schwefel bei ca. 400°C bzw. ca. 370°C, bilden das Trioxid
und haben dann ähnlich wie oxidiertes Graphit keine Schmierwirkung

mehr. Diese Zersetzungsprozesse laufen in Stunden ab. Über die Zersetzung von Graphit, MoS_2 und WS_2 in sehr kurzen Zeitabschnitten (Sekunden, Minuten) bei 650^oC bis 700^oC liegen noch keine exakten Zahlen vor; aber es wird angenommen, daß die Zersetzungsrate nicht sehr hoch ist [55].

Der Beginn und der Fortschritt einer Oxidation wird auch stark durch die Korngröße des Schmierstoffs beeinflußt: je größer die Teilchen sind, desto früher beginnt und desto schneller erfolgt die Oxidation [55].

Die VDI-Richtlinie 3166, Blatt 1, gibt Hinweise auf die Schmierstoffauswahl in Temperaturbereichen zwischen 200^oC und 850^oC.

- <u>Entfernbarkeit des Schmierstoffs</u>

Halbwarm umgeformte Werkstücke, die mit Graphit, MoS_2- oder WS_2-Pulver geschmiert wurden, lassen sich nur mit Hilfe starker Säuren reinigen. Auch die für höhere Temperaturen geeigneten Glasschmierstoffe weisen den Nachteil schlechter Entfernbarkeit auf. Gut entfernen lassen sich im allgemeinen Fett- oder Mineralölschmierstoffe. Hier reichen schon schwache Säuren zur Reinigung aus.

- <u>Kosten der Schmierstoffe</u>

Das im Vergleich zu Graphit etwa doppelt so schwere MoS_2-Pulver ist ca. acht- bis zehnmal teurer. WS_2-Pulver - mit etwa 2,5-fachem Gewicht von Graphit - übersteigt den Graphitpreis um das 30-fache [53]. Demnach ist der Ersatz des Graphits durch MoS_2- oder WS_2-Pulver nur dann sinnvoll, wenn wesentliche Vorteile die Preisdifferenz rechtfertigen.

4 Kurzzeit-Verschleißprutverfahren

4.1 Allgemeines

Verschleiß kann durch verschiedene Verfahren nachgewiesen und gemessen werden. Die wichtigsten sind in Tabelle 1 aufgezählt:

- Abschätzung aus den Änderungen der Betriebsbedingungen;
- Oberflächenabtastverfahren;
- Längen- und Durchmessermessungen;
- Massenbestimmung;
- Verfahren der Radionuklidtechnik (RNT):
  Durchflußmeßverfahren (DMV) und
  Dünnschicht-Differenzen-Verfahren (DDV);
  Neutronenaktivierungsanalyse (NAA).

Die Verschleißmeßverfahren unterscheiden sich nach ihren Möglichkeiten und Grenzen [38] bezüglich

- der technischen Leistungsfähigkeit;
- des zeitlichen und organisatorischen Aufwandes;
- der Kosten.

Das Verfahren der Neutronenaktivierung hat die niedrigste Verschleißnachweisgrenze. Hierbei kann elementabhängig der Werkstoffübertrag (z.B. der Wolfram-Übertrag) im Bereich 10^{-9} g nachgewiesen werden, während die Dünnschichtaktivierung im Bereich 10^{-6} g arbeitet, und die konventionelle, massenmäßige Abtragsbestimmung nur im mg-Bereich mißt [38] (Bild 7).

Eine kontinuierliche Abschätzung des Verschleißes ist im Prinzip möglich durch eine Überwachung der Änderung der Betriebsbedingungen (wie Kräfte, Geräusche, u.a.); dieses wurde z.B. von Brankamp u.a. [60,61] durch eine Prozeßüberwachung an Umform- und Werkzeugmaschinen ausgeführt. Weitere Möglichkeiten zur kontinuierlichen Verschleißerfassung bieten nur die Verfahren der Dünnschichtaktivierung und Neutronenaktivierung. Bei diesen Methoden kann der Verschleiß während des Ver-

Tabelle 1: Verschleißnachweisverfahren.

Verfahren	Meßgröße	Größenordnung der Verschl.-nachw.-Grenze	Meßart	Anwendung	Besonderheiten	
					Nachteile	Vorteile
Abschätzung aus der Änderung der Betriebsbedingungen	Geräusche, Kräfte	–	kont.	Schadensfrüh-erkennung	Messung mit Einschränkg.	- Verschl.- Prüfung ohne Demontage - (kont. Kontrolle des Verschl.-prozesses) - unabhängig

Oberflächenmessung:
    abtasten
    REM
	Oberfläche der Bauteile bzw. Proben	–	diskont. mit Ausbau nach Vers.-ablauf	Verschl.-er-schein.-formen: Schad.-früh.-erk.	Demontage	- Abschätzung der Mikrogeometrie der Verschl.-fläche

Geometriemessung:
    optisch
    mechanisch
    elektrisch (induktiv)
	z.B.: Rest-länge des Bauteils	1 μm
		1 μm
		1 μm
			diskont. mit Ausbau nach Vers.-ablauf kont.	Verschl.-flächen von Bauteilen und Proben	Demontage	- einfach
						- unabhängig
						- (kleine Werte meßbar)
						- Verschl.-verteilung über Reib.-fläche
						- (Verschl.- bestimmung in spez. Punkt)

Massenermittlung: gravimetrisch (massen-mäßig)	Restmasse des Bauteils	10^{-4} g	diskont. mit Ausbau nach Vers.-ablauf	Bauteile und Proben	Demontage	- einfach - unabhängig

Radionuklidtechnik RNT:
    Durchflußmeß-verfahren DMV
    Dünnschichtdifferenzen-verfahren DDV
	Abrieb direkt
	Restschicht
		10^{-6} g
		10^{-6} g
			kont.
			kont.
				voll u. partiell aktiv. Bauteile und Proben
				partiell aktiv. Baut. u. Proben
					Aktiv. der Verschl.-flächen. Beachtg. d. gesetzl. Vorschrift.	- Verschl.-bestimmung in spez. Punkt
						- Verschl.-verteilung über Reib.-fläche
						- kleine Werte meßbar
						- Verschl.-messung ohne Demontage
						- kont. Kontrolle des Verschl.-prozesses

Neutronenaktivierungs-analyse NAA	Werkstoff-übertrag	10^{-9} g	(kont.) nach Ausmessen d. Proben	aktiv. Proben	Aktiv. der Proben	- Verschl.-verteilung über Reib.-fläche - kleine Werte meßbar - Verschl.-messung ohne Demontage - kont. Kontrolle des Verschl.-prozesses

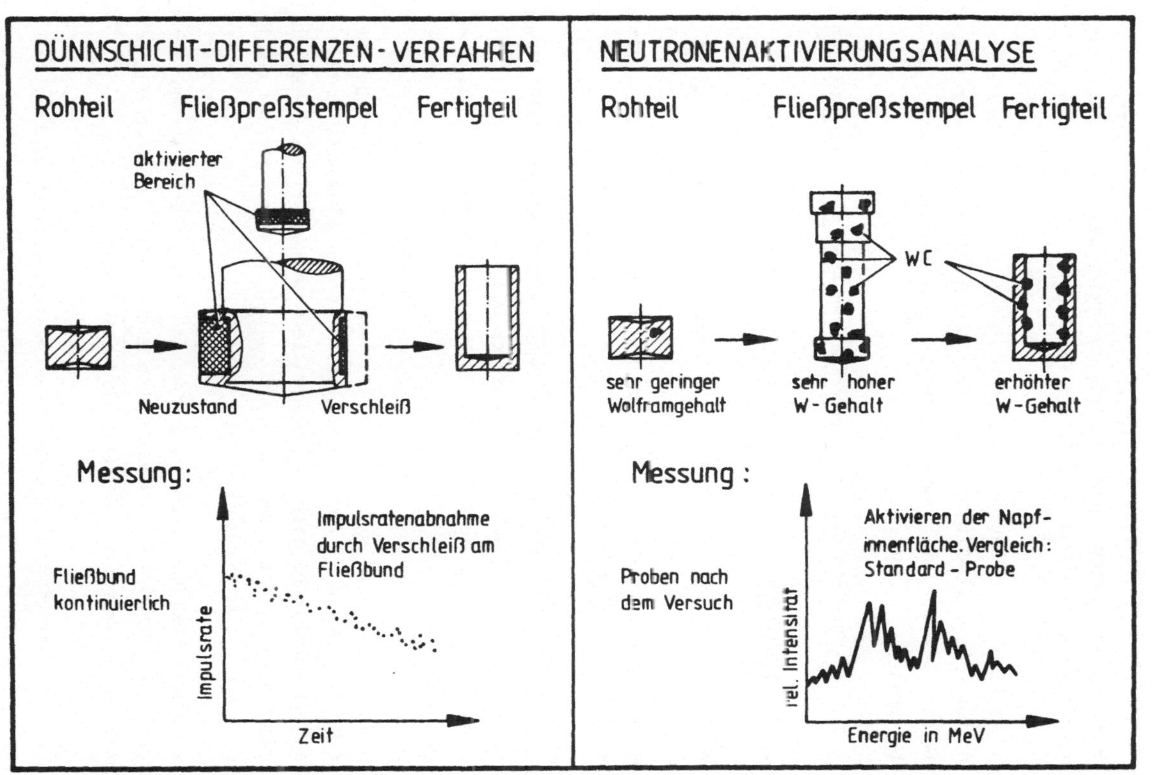

Bild 7: Schematische Darstellung: DDV-NAA.

suchsablaufs gemessen werden mit den Vorteilen, daß die mechanischen und thermischen Betriebsbedingungen erhalten bleiben; damit ist der Charakter des Dauer- bzw. Betriebsversuchs gewährleistet, wobei der Einlauf- oder Einfahrbereich keinen Einfluß auf das End-Meßergebnis hat.

Die Verfahren der Radionuklidtechnik haben jedoch die Nachteile, daß die Bauteile und Proben aktiviert werden müssen, was mit einigem Aufwand verbunden ist; außerdem müssen gesetzliche Vorschriften beachtet werden.

4.2   Verschleißmessung mit der Neutronenaktivierungsanalyse

4.2.1   Grundlagen

Die Versuche und Auswertungen zur Neutronenaktivierungsanalyse (NAA) wurden ausschließlich am Physikalisch-Chemischen-Institut -Radiochemie- der Universität Heidelberg und am Deutschen Krebsforschungszentrum in Heidelberg durchgeführt.

Der während der Umformung auftretende Adhäsionsverschleiß führt zu Werkstoffübertrag sowohl vom Werkstück auf das Werkzeug (in relativ großen Mengen) als auch (nur in sehr geringen Mengen) umgekehrt (s. Kap. 4.2.2).

Die NAA beruht nun auf der quantitativen Analyse des Abriebs über die Aktivierung eines den Abrieb charakterisierenden Elements. Im betrachteten Fall handelt es sich um das Ermitteln und Messen des Stempelabriebs anhand eines nur im Stempelwerkstoff, nicht im Grundmaterial des Napfes (Werkstück) vorkommenden Elements im Napf.

Die umgeformte Oberfläche und der an ihr haftende Abrieb wird mit thermischen Neutronen bestrahlt und anschließend ausgewertet, wodurch Abriebmengen im sub-μg-Bereich nachgewiesen werden können.

Durch die Aktivierung mit Neutronen werden stabile Isotope eines bestimmten Elements (in betrachteten Fall Wolfram) durch Kernreaktion in Radioisotope des gleichen Elements umgewandelt.

Wolfram eignet sich gut für die Neutronenaktivierung, da es eine für die Aktivierung und Messung günstige Halbwertszeit (ca. 24 Stunden) und eine niedrige Nachweisgrenze (ca. 10^{-9} g) hat. Die nachweisbaren Ele-

mente Eisen und Chrom scheiden aus, da sie sowohl im Werkzeug- als auch
im Werkstückwerkstoff auftreten. Vanadium ist wegen der zu geringen
Halbwertszeit (einige Minuten) ungeeignet. Auch Molybdän ist nur
schlecht verwendbar, da es zum einen oft in Schmierstoffen vorkommt und
dadurch die Messung durch Kontamination unbrauchbar machen würde, zum
anderen liegt die Nachweisgrenze (ca. 10^{-5} g) zu hoch, was die Genauigkeit der Ergebnisse beeinträchtigen würde.

Die bei der Bestrahlung durch Kernumwandlung erzeugte Aktivität der
entstandenen Radionuklide ist ein Maß für die in der Probe vorhandene
Menge des entsprechenden Elements. Für dessen qualitative Bestimmung
wird die Halbwertszeit der durch die Kernreaktion entstandenen Radionuklide herangezogen sowie die bei ihrem Zerfall ausgesandte radioaktive Strahlung bekannter diskreter Energien (γ-Linien). Eine quantitative Aussage wird aufgrund der bestehenden Proportionalität zwischen
der Strahlungsintensität und der Menge des zu bestimmenden Elements
möglich [62].

Bei Annahme der Homogenität der Flußdichte der Bestrahlungspartikel ϕ_x
in der zu bestrahlenden Probe (die bis zu einer bestimmten Probendicke
erfüllt ist) gilt für die allgemeine Kernreaktion $A + x \longrightarrow B + y$ die
Bildungsgeschwindigkeit an entstandenen Atomen N_B des Nuklides B:

$$\frac{dN_B}{dt} = \sigma \, \phi_x \, N_A - \lambda \, N_B$$

mit $\quad \sigma \quad =$ Wirkungsquerschnitt in cm² der Reaktion bei vorgegebener Energie der Teilchen x .

$\quad \phi_x \quad =$ Flußdichte der Teilchen x in $cm^{-2} \, s^{-1}$.

$\quad N_A \quad =$ Anzahl der bestrahlten Atome des Nuklides A.

$\quad \lambda \quad =$ Zerfallkonstante des Nuklides B in s^{-1}.

$\quad \lambda \quad = \dfrac{\ln 2}{T_{1/2}}$

$\quad T_{1/2} \quad =$ Halbwertzeit des Nuklides B in s.

$\quad N_B \quad =$ Anzahl der entstandenen Atome des Nuklides B.

Damit ergibt sich die Aktivität $A_{(t)}$ am Ende der Bestrahlung durch Integration:

$$A_{(t)} = \sigma\, \phi_x\, N_A\, (\,1 - e^{-\lambda t}\,) \quad \text{in Zerfälle / s}$$

Mit $N_A = \dfrac{m\, H\, N_L}{M}$ gilt:

$$A_{(t)} = \frac{m\, H\, N_L\, \sigma\, \phi_x}{M}\,(\,1 - e^{-\lambda t}\,) \quad \text{in Zerfälle / s}$$

mit m = Masse des Elementes A in g.

H = Isotopenhäufigkeit des Nuklides, das bei der Kernreaktion das Nuklid B liefert.

N_L = Avogadro'sche Zahl

N_L = $6{,}023 \cdot 10^{23}\ \text{mol}^{-1}$

t = Bestrahlungszeit in s.

M = Molekulargewicht in g/mol.

Zwischen Bestrahlungsende und Meßbeginn liegt die Zeitspanne t^*, in der unerwünschte, kurzlebige Radionuklide zerfallen, nach der sich die Aktivität $A^*_{(t)}$ ergibt:

$$A^*_{(t)} = \frac{m\, H\, N_L\, \sigma\, \phi_x}{M}\, e^{-\lambda t^*}\,(\,1 - e^{-\lambda t}\,) \quad \text{in Zerfälle / s}$$

Demnach sind neben der relativen Isotopenhäufigkeit des Nuklides, das bei der Kernreaktion das Radionuklid liefert, der Substanzmenge und dem Atomgewicht auch die Bestrahlungsparameter σ und ϕ_x sowie die Bestrahlungsdauer entscheidend. Daher ist neben dem Verhältnis von Bestrahlungszeit t zur Halbwertszeit $T_{1/2}$ das Produkt von Wirkungsquerschnitt σ und Flußdichte der für die Bestrahlung benutzten Teilchen ϕ_x entscheidend für die analytische Empfindlichkeit der Kernreaktion: je größer $\sigma \, \phi_x$, umso höher ist die Empfindlichkeit.

Bevorzugt werden thermische Neutronen zur Aktivierung verwendet, weil diese in Kernreaktoren in verhältnismäßig hoher Flußdichte (Neutronenfluß bis $10^{15} \, cm^{-2} s^{-1}$) zur Verfügung stehen und weil der Wirkungsquerschnitt für die (n,γ)-Reaktion im Vergleich zu anderen Reaktionen verhältnismäßig hoch ist [62].

Die Wirkungsquerschnitte der (n,γ)-Reaktionen sind häufig nicht genügend genau bekannt - besonders bei Spaltspektrumsneutronen - und die Neutronenflußdichte in einem Kernreaktor ist zeitlichen und örtlichen Schwankungen unterworfen, sie kann daher über einen längeren Zeitraum nicht als konstant vorausgesetzt werden.

Daher wird im allgemeinen nicht mit Absolutmessungen, sondern mit Standardvergleichen gearbeitet. Die Bestrahlung der zu untersuchenden Probe findet unter gleichen Bedingungen (gleiche Bestrahlungsposition, gleiche Bestrahlungsdauer) parallel mit einer Standardprobe statt. Die Standardprobe sollte möglichst ähnlicher Zusammensetzung sein, um gleiche Neutronenflußdichte in Probe und Standard zu gewährleisten.

4.2.2   Analyse der tribologischen Vorgänge

Eine Voraussetzung zur Verschleißbeurteilung und -messung ist eine Analyse der tribologischen Vorgänge. Nach eigenen Untersuchungen, die von Weiergräber [2] bestätigt werden, zeigt sich der Verschleiß beim Napf-Rückwärts-Fließpressen bei Raumtemperatur im wesentlichen in einer Abnahme des Fließbunddurchmessers (Bild 1). Dieser Werkzeugbereich erfährt die größten Beanspruchungen sowohl mechanischer, thermischer, tribologischer und chemischer Art. Stempelausfall durch Verschleiß tritt durch Abrieb des Fließbundes auf; Verschleißmechanismen sind

Adhäsions- und Abrasivverschleiß. Die während der Umformung auftretenden Beanspruchungen können in den Grenzflächen zwischen Werkstück- und
Werkzeugwerkstoff zu adhäsiven Bindungen führen. Nach Kaltver-
schweißungen kann sich die Lage der Scherebene, zwischen der die
Trennung der Reibpartner dann wieder erfolgt, sowohl in den Werkstück-
als auch den Werkzeugwerkstoff verlagern. Dabei wird der Fließbund
aufgerauht, durch Adhäsion und Abrasion kommt es zu Mikrofurchungs- und
Mikrozerspanungsriefen.

Der Verschleiß an der Stempelstirnfläche und dem Fließbundradius mit
R = 0,5 mm kann aufgrund der durchgeführten Verschleißuntersuchungen
bei Raumtemperatur vernachlässigt werden. Die Stirnfläche zeigt nur
eine schwache Verschleißwirkung.

Bei der Auswertung der Verschleißuntersuchungen bis zu einer Stückzahl
von 10.000 Teilen ergab sich, daß die Verschleißrate bedingt durch die
Meßmethode in einem Einlaufbereich zunächst nicht exakt erfaßbar ist,
aber nach ca. 400 bis 500 Teilen über die Stückzahl nahezu konstant
wird (Bild 8).

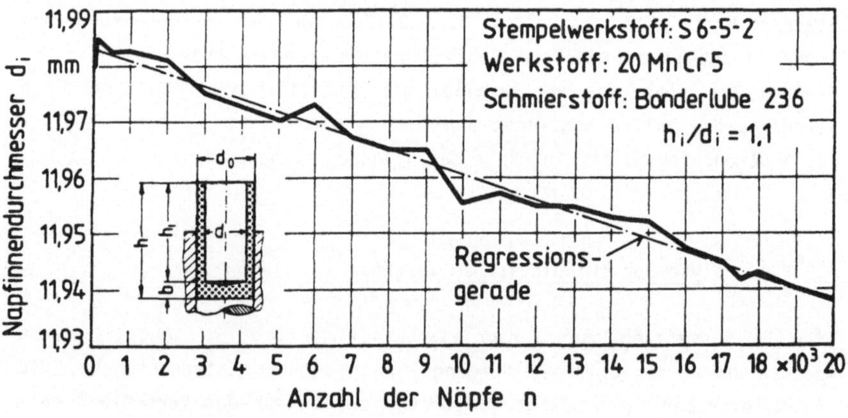

Bild 8: Stempelverschleiß beim Napf-Rückwärts-Fließpressen.

4.2.3 Meßtechnik

Zur Identifizierung der bei einer Kernreaktion entstandenen Radionuklide werden vorzugsweise die γ-Spektroskopie mit Germanium-Lithium (Ge(Li))-oder auch Reinstgermanium-Halbleiterdetektoren angewandt: die quantitative Bestimmung geschieht durch Ausmessen der Fläche unter einem γ-Peak charakteristischer Energie (s. Bild 26).

Bei der quantitativen Bestimmung mit Hilfe mitbestrahlter Standards werden diese Angaben nicht benötigt, sondern es werden jeweils die Zählraten (Impulse / Sekunde) für das gesuchte Radionuklid pro Masseneinheit bestrahlter Probe bestimmt. Die Berechnung der Zählrate erfolgt wegen der Zählratenabnahme durch Zerfall, auf Ende der Bestrahlung wegen unterschiedlicher Zeitpunkte des Meßendes.

4.2.4 Vorversuche zur Verschleißmessung

Als Umformverfahren wurde das Napf-Rückwärts-Fließpressen gewählt. Die Werkstückwerkstoffe 20 MnCr 5 und Ck 15 sowie der Werkzeugwerkstoff S 6-5-2, mit bekannten Zusammensetzungen, kamen zum Einsatz.

Als Indikator für die pro Umformvorgang auftretende Abriebmenge wurde deren Gehalt an Molybdän und Wolfram gewählt. Wolfram hat einen relativ hohen Wirkungsquerschnitt für die (n, γ)-Reaktionen mit thermischen Neutronen und ist daher mit der niedrigen Nachweisgrenze von 10^{-9} g als Indikator für die quantitative Bestimmung des aufgetretenen Abriebs optimal geeignet.

Voraussetzung zur Bestimmung der Verschleißmenge über die Aktivierung von Molybdän und Wolfram ist jedoch, daß der Werkstückwerkstoff frei von Verunreinigungen durch die Elemente Molbdän und Wolfram ist; diese Bedingung ist nur selten erfüllt. Desweiteren müssen Kontaminationen im Laufe der Vorbereitung der Rohteile bis zur Umformung wie sie durch:

- mechanische Bearbeitung (Scheren, Setzen),
- chemische Behandlung (Phosphatieren, Beseifen) und
- Zuführen zum Umformwerkzeug

auftreten können, vermieden werden.

Der Verfahrensablauf bei der NAA ist in Bild 9 dargestellt.

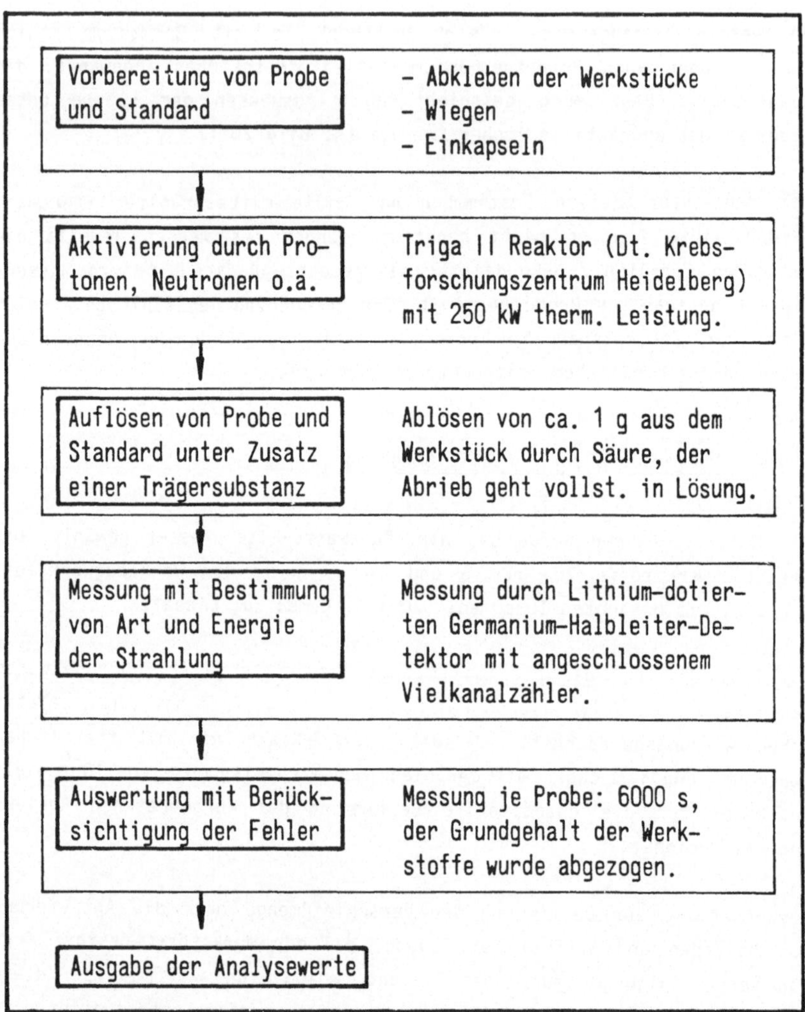

Bild 9: Verfahrensablauf bei der NAA.

<u>Werkstückwerkstoff 20 MnCr 5</u>

Die Auswertung der γ-Spektren der einzelnen Näpfe aus zwei verschiede-nen Versuchsreihen mit Hilfe von Rechenprogrammen ergibt für das Ver-

schleißverhalten von Fließpreßstempeln aus dem Schnellarbeitsstahl
S 6-5-2 die folgenden Werte in Abhängigkeit vom Werkstückwerkstoff
20 MnCr 5 (Tabelle 2).

Tabelle 2: Wolfram-Gehalt der untersuchten Näpfe (20 MnCr 5).

Werkzeugwerkstoff: S 6-5-2
Werkstückwerkstoff: 20 MnCr 5

Napf-Nr.	Napfserie 1 (Versuch 2) W in 10^{-8} g	Napfserie 1 (Versuch 3) W in 10^{-8} g	Mittelwerte W in 10^{-8} g
50	-	$5,4 \pm 0,8$	$5,4 \pm 0,8$
100	$12,0 \pm 1,0$	-	$12,0 \pm 1,0$
150	-	$6,9 \pm 0,8$	$6,9 \pm 0,8$
200	$13,3 \pm 0,4$	$8,4 \pm 0,8$	$10,9 \pm 1,0$
300	$8,8 \pm 1,0$	$3,7 \pm 0,5$	$6,2 \pm 1,1$
400	$5,1 \pm 0,6$	$5,5 \pm 1,0$	$5,3 \pm 1,2$
500	$15,0 \pm 1,0$	-	$15,0 \pm 1,0$
600	$14,0 \pm 1,0$	-	$14,0 \pm 1,0$
700	-	$3,4 \pm 0,6$	$3,4 \pm 0,6$

Bild 10 stellt den Verlauf des Wolfram-Gehalts im Abrieb als Durchschnittswert der beiden Versuchsreihen in Abhängigkeit von der Stückzahl dar.

Die Wolfram-Werte der Näpfe 500 und 600 müssen, wie aus den angegebenen Fehlern (angegeben ist jeweils der statistische Zählfehler $\pm \sqrt{I}$; I = Impulszahl) erkennbar, als reell angesehen werden. Allerdings bleibt zu bedenken, daß Wolfram in Karbidform vorliegt, d.h., daß Wolfram-Karbide als makroskopische Partikel abgetragen werden können, was in der Auswertung keinen kontinuierlichen Verschleißverlauf ergeben muß.

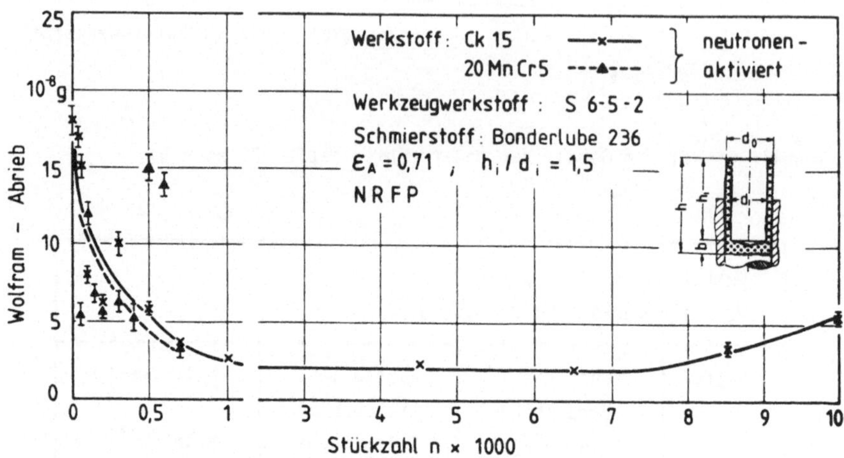

Bild 10: Verschleißbetrag ermittelt nach der NAA.

Werkstückwerkstoff Ck 15

Der Wolfram-Gehalt und die daraus berechnete Abriebmenge, nachgewiesen in den Näpfen des Werkstoffs Ck 15, ist in Tabelle 3 dargestellt. Der Wolfram-Gehalt des Grundwerkstoffs Ck 15 mit $(3,0 \pm 0,5) \cdot 10^{-8}$ g pro Gramm Werkstoff wurde bereits subtrahiert. Die Angaben des Gesamtabriebs pro Napf beruhen auf der Hochrechnung der Wolfram-Werte, wenn ein Wolfram-Gehalt des Stempels aus Schnellarbeitsstahl S 6-5-2 von 6,35 % für die Berechnung zugrunde gelegt wird.

Die Wolfram-Werte sind jeweils Durchschnittswerte für die untersuchten Näpfe in der engen Nachbarschaft der angegebenen Napfnummern.

Die Auswertung für Ck 15 (Tabelle 3 und Bild 11) zeigt nach einem Einlaufvorgang von ca. 500 Teilen einen relativ gleichmäßigen Verschleiß. Der durchschnittliche Stempelabrieb wurde mit $1,0 \cdot 10^{-6}$ g pro Napf gemessen, damit ergibt sich ein Gesamtabrieb des Stempels für 10.000 Teile von 10 $\pm$ 1 mg. Durch Ermittlung des Stempeldurchmessers bei Versuchsbeginn und Versuchsende wurde eine Durchmesserabnahme von 0,03 mm festgestellt; das entspricht einem Gesamtabrieb für 10.000 Teile von 9 mg. Damit ergibt eine sehr gute Übereinstimmung zwischen Aktivierungsanalyse und Messung der Werkzeuggeometrie (Bild 11).

Tabelle 3: Gemittelter Wolfram-Gehalt und daraus berechneter Abrieb.

Werkzeugwerkstoff : S 6-5-2 Werkstückwerkstoff: Ck 15		
Napf- Nr.	W in 10^{-8} g	Abrieb in 10^{-7} g
1	$18,0 \pm 0,9$	$28,4 \pm 1,4$
2	$13,0 \pm 0,7$	$20,5 \pm 1,1$
10	$17,0 \pm 0,5$	$11,0 \pm 0,8$
50	$15,0 \pm 0,8$	$23,6 \pm 1,3$
100	$8,0 \pm 0,5$	$12,6 \pm 0,8$
200	$6,2 \pm 0,5$	$9,8 \pm 0,8$
300	$10,0 \pm 0,7$	$15,8 \pm 1,1$
500	$5,8 \pm 0,4$	$9,0 \pm 0,6$
700	$3,9 \pm 0,2$	$6,1 \pm 0,3$
1000	$2,7 \pm 0,2$	$4,3 \pm 0,3$
1500	$2,7 \pm 0,2$	$4,3 \pm 0,3$
2500	$0,8 \pm 0,02$	$1,2 \pm 0,03$
4500	$2,2 \pm 0,1$	$3,5 \pm 0,2$
6500	$2,0 \pm 0,1$	$3,2 \pm 0,2$
8500	$3,5 \pm 0,3$	$5,5 \pm 0,5$
10000	$5,6 \pm 0,4$	$8,8 \pm 0,6$

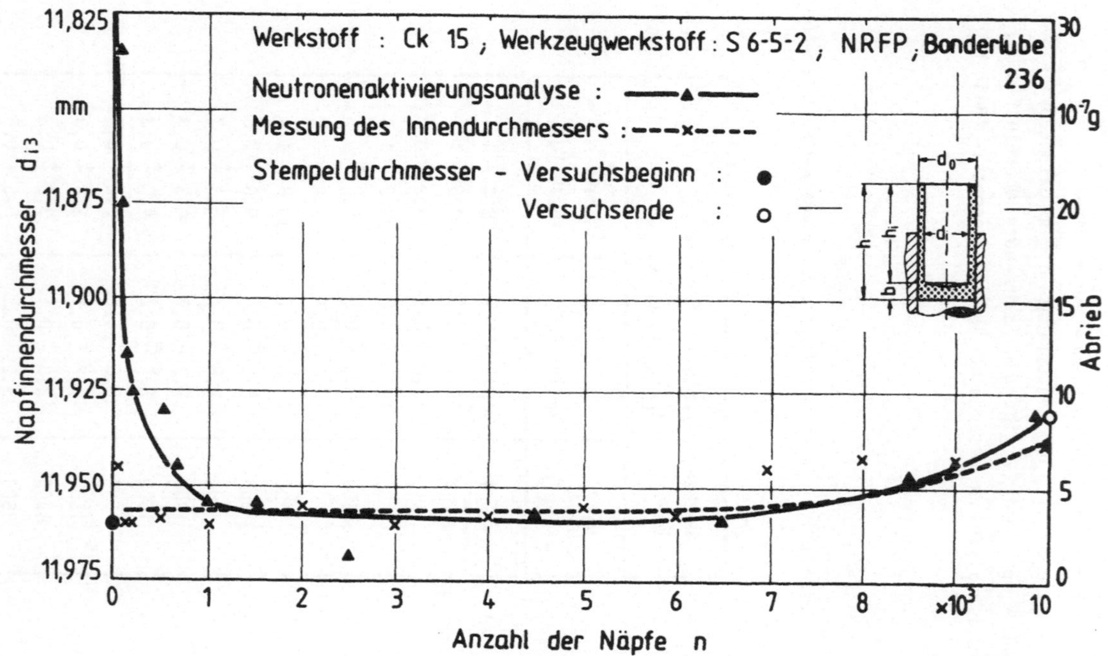

Bild 11:Vergleich: konventionelle Messung - NAA.

4.2.5   Neutronenaktivierungsanalyse als Verschleißprüfverfahren für
        die Massivumformung

Vom Prinzip her eignet sich das Verfahren der NAA (siehe Bild 11) gut
für die Verschleißmessung. Als Vorteile können genannt werden:

- Die Nachweisgrenzen liegen weit unter denen anderer analytischer
  Verfahren. So sind weniger als 10^{-9} g der Elemente Kobalt, Kupfer,
  Silber und Wolfram quantitativ nachweisbar, daher ist der Abrieb pro
  Umformvorgang mit hoher Genauigkeit zu bestimmen (Fehler 5 - 15 %).

- Aussagen über den Stempelverschleiß sind schon nach etwa 500 Teilen
  möglich, daher ergeben sich Werkstoff-, Zeit- und Energieeinsparungen.

- Verfälschungen der Ergebnisse durch plastische Verformung des Stempels können weitgehend ausgeschlossen werden.

Den genannten Vorteilen stehen gravierende Einschränkungen gegenüber:

- An alle Reagenzien und Stoffe, mit denen die zu bestrahlenden Werkstoffproben vor der Aktivierung in Berührung kommen, müssen hohe
  Anforderungen in Bezug auf deren Reinheit gestellt werden, um mögliche Kontaminationen der Proben mit Spuren der quantitativ zu bestimmenden Elemente zu vermeiden.

- Durch die Aktivierungsanalyse sind keine Aussagen über die chemische
  Form, in der die Nuklide vorliegen, möglich.

- Eine Reihe von Elementen kann durch Bestrahlung mit thermischen
  Neutronen nicht aktiviert werden. In diesen Fällen muß auf eine
  Aktivierung mit geladenen Teilchen ausgewichen werden.

- Im Gegensatz zu anderen chemischen Nachweisverfahren ist der appara-
  tive Aufwand für die Aktivierungsanalyse sehr hoch. So müssen z.B.
  Großgeräte wie Kernreaktoren für die Aktivierung mit thermischen
  Neutronen für die Bestrahlung zur Verfügung stehen. Daneben müssen
  auch die Vorschriften und Auflagen der Strahlenschutzverordnung eingehalten werden.

Speziell auf Verschleißmessungen in der Massivumformung bezogen, besteht die wichtige einschränkende Voraussetzung: Das Element, über dessen Aktivierung der Verschleiß bestimmt wird, darf nicht auch in dem "Verschleißpartner", der der Aktivierung unterzogen wird, vorhanden sein. Daneben muß eine mögliche Kontamination mit dem Indikatorelement vermieden werden. Ist dies dennoch der Fall, so ist eine Korrektur der Verschleißwerte durch Abzug des Blindwerts (Menge an Indikatorelement im Grundwerkstoff) erforderlich. Diese ist aber nur dann hinreichend genau, wenn der Grundgehalt des Ausgangswerkstoffs an dem Indikatorelement geringer als oder höchstens vergleichbar mit der Menge an dem Indikatorelement ist, die bei einem Verschleißvorgang übertragen werden kann.

Der Wolfram-Gehalt der Werkstoffe der im Kapitel 4.2.4 dargestellten Versuchsergebnisse erfüllt die Ansprüche in bezug auf Reinheit ausreichend: Wolfram-Grundgehalte:

$$Ck\ 15 \quad = (3,0 \pm 0,5) \cdot 10^{-8}\ gW/g\ \text{Werkstoff}$$

$$20\ Mn\ Cr\ 5 = 5,0 \cdot 10^{-8}\ gW/g\ \text{Werkstoff.}$$

Die Anwendbarkeit des Verfahrens der NAA als Verschleißmeßverfahren in der Massivumformung hängt daher entscheidend von der Wolfram- bzw. Molybdänreinheit handelsüblicher Stähle ab.

4.2.6 Werkstoffuntersuchungen in bezug zur Anwendbarkeit der Neutronenaktivierungsanalyse

Zur Verschleißminderung mittels NAA muß - wie erwähnt - der Versuchswerkstoff u.a. die wichtige Voraussetzung erfüllen, daß das Element, über dessen Aktivierung der Verschleiß bestimmt wird, nicht im "Verschleißpartner" enthalten ist.

Um die Ansprüche an die Reinheit der Werkstückwerkstoffe bei handelsüblichen, auf verschiedene Arten erschmolzenen, Einsatz- und Vergütungsstählen zu untersuchen, wurden verschiedene Stahlhersteller um Werkstoffproben gebeten: Der Wolfram-Grundgehalt sollte den Wert von max. 10^{-8} gW/g Werkstoff nicht überschreiten.

Als Versuchswerkstoffe kommen die Einsatzstähle: Ck 15, Ck 15 Al,
16 MnCr 5, 16 MnCrS 5 und 20 MnCr 5, sowie die Vergütungsstähle: C 45,
C 60, Ck 60 und 41 Cr 4 in Frage.

Die Schmelzanalyse üblicher Stähle dieser Qualität ist aus Tabelle 4
zu entnehmen.

Insgesamt stellten elf Firmen (Tabelle 5) dankenswerterweise Werkstoffproben zur Verfügung.

Tabelle 5: Stahllieferanten.

1. Bessey & Sohn, Werkstoffgruppe Blankstahl; Stuttgart
2. Böhler AG; Düsseldorf
3. Hoesch Hohenlimburg AG; Hagen
4. Klöckner-Werke AG, Georgsmarienwerke; Osnabrück
5. Krupp Stahl AG; Bochum
6. Krupp Südwestfalen AG; Siegen
7. Stahlwerke Plate GmbH ; Lüdenscheid
8. Saarstahl GmbH; Völklingen / Saar
9. Thyssen Edelstahlwerke AG; Witten *
10. Fagersta Westig GmbH; Unna / Westfalen
11. Friedr. G. Theis Kaltwalzwerke; Hagen

Tabellen 6, 7 zeigen die Ergebnisse dieser Werkstoffuntersuchung, geordnet
nach Einsatz- und Vergütungsstählen. Die Schmelzanalysen und Er-
schmelzungsarten sind Herstellerangaben.

Die Auswertung durch NAA bezüglich des Molybdän- bzw. Wolfram-Gehaltes
ist in den letzten beiden Spalten wiedergegeben. Keiner der handelsüblichen Stähle erfüllt die Ansprüche an die geforderte Werkstoffrein-
heit, ausnahmslos sind die Wolfram-Gehalte höher als 10^{-6} gW/g Werkstoff.

Diese Untersuchung zeigt, daß die Anforderungen an die Werkstoffrein-
heit (max. 10^{-8} gW/g Werkstoff) von handelsüblichen Stählen nur durch
Zufall eingehalten werden. Aus diesem Grund ist ein Verfahren, das über

---

* Lieferant der verwendeten Werkstoffe.

die Spurenanalyse von Abriebpartikeln durch die NAA arbeitet als quantitatives Kurzzeit-Verschleißprüfverfahren nicht geeignet.

Tabelle 4 : Chemische Zusammensetzung nach [63].

Werkstoff	C	Si	Mn	P	S	Cr	Mo	Ni
C 15	0.12-0.18	0.15-0.35	0.30-0.60	$\leq$ 0.045	$\leq$ 0.045	-	-	-
Ck 15	0.12-0.18	0.15-0.35	0.30-0.60	$\leq$ 0.035	$\leq$ 0.035	-	-	-
16 MnCr 5	0.14-0.19	0.15-0.40	1.00-1.30	$\leq$ 0.035	$\leq$ 0.035	0.80-1.10	-	-
16 MnCr S 5	0.14-0.19	0.15-0.40	1.00-1.30	$\leq$ 0.035	$\leq$ 0.020	0.80-1.10	-	-
20 MnCr 5	0.17-0.22	0.15-0.40	1.10-1.40	$\leq$ 0.035	$\leq$ 0.035	1.00-1.30	-	-
C 45	0.42-0.50	$\leq$ 0.40	0.50-0.80	$\leq$ 0.045	$\leq$ 0.045	-	-	-
C 60	0.57-0.65	$\leq$ 0.40	0.60-0.90	$\leq$ 0.045	$\leq$ 0.045	-	-	-
Ck 45	0.42-0.50	$\leq$ 0.40	0.50-0.80	$\leq$ 0.035	$\leq$ 0.030	-	-	-
Ck 60	0.57-0.65	$\leq$ 0.40	0.60-0.90	$\leq$ 0.035	$\leq$ 0.030	-	-	-
41 Cr 4	0.38-0.45	$\leq$ 0.40	0.60-0.90	$\leq$ 0.035	$\leq$ 0.030	0.90-1.20	-	-

Tabelle 6: Werkstoffuntersuchungen im Hinblick auf den Wolfram-Gehalt mit NAA.

Lfd. Nr.	Einsatzstähle Werkstoff (Stahlherst.)	Schmelzanalyse nach Herstellerangabe in %								Erschmelzg. soweit bek.	g/g Werkstoff nach Neutronenaktivierung Mo $g \cdot E^{-4}, E^{-5}$	W $g \cdot E^{-6}, E^{-7}$
		C	Si	Mn	P	S	Cr	Mo	Ni			
1	C 15 (1)	0.15	0.23	0.45	0.01	0.02	-	-	-	-	1.55±14.4	3.18±2.52
2	C 15 (3)	0.12	0.02	0.47	0.01	0.02	0.02	0.01	0.02	LD - Stahl	4.07±8.72	1.06±1.90
3	C 15 (4)	0.14	0.27	0.43	0.01	0.02	0.11	0.03	0.09	-	1.35±12.3	3.96±5.14
4	C 15 (5)	0.13	0.30	0.37	0.02	0.02	0.05	0.01	0.03	LD - Stah	1.13±9.21	3.52±1.64
5	C 15 (7)	0.14	0.30	0.59	0.02	0.02	0.12	-	-	nicht bek	2.25±9.34	21.4±2.14
6	C 15 (11)	0.14	0.21	0.45	0.02	0.01	-	-	-	-	1.05±14.1	2.44±2.06
7	CK 15 Al (6)	0.16	0.12	0.55	0.01	0.01	0.05	-	0.02	-	2.71±12.3	1.26±2.09
8	CK 15 Al (6)	0.17	0.13	0.56	0.02	0.01	0.03	-	0.03	-	-	2.26±2.39
9	CK 15 Al (6)	0.17	0.12	0.53	0.02	0.01	0.02	-	0.03	-	1.87±6.99	1.85±3.08
10	CK 15 Al (6)	0.16	0.13	0.55	0.02	0.01	0.02	-	0.02	-	-	3.45±2.78
11	CK 15 (8)	0.13	0.18	0.35	0.01	0.02	-	-	-	-	4.77±14.2	7.07±3.37
12	16 MnCr 5 (3)	0.18	0.30	1.06	0.02	0.01	0.89	0.04	0.08	El.Stahl	6.47±8.02	27.9±2.89
13	16 MnCr 5 (4)	0.14	0.27	1.04	0.02	0.03	0.92	0.04	0.10	-	11.0±1.8	11.5±3.22
14	16 MnCr 5 (5)	0.18	0.29	1.15	0.02	0.03	0.94	0.02	0.10	El.Stahl	7.93±17.9	12.0±4.17
15	16 MnCr 5 (7)	0.15	0.22	1.06	0.01	0.03	1.03	-	-	El.Stahl	13.6±10.3	33.4±4.11
16	16 MnCr 5 (8)	0.17	0.20	1.27	0.02	0.02	0.99	-	-	-	11.1±9.18	15.4±3.25
17	16 MnCr 5 (11)	0.17	0.18	1.11	0.02	0.02	0.80	-	-	-	2.94±6.36	9.80±1.93
18	16 MnCr S 5 (1)	0.16	0.25	1.08	0.03	0.02	0.87	-	-	-	12.4±11.2	7.58±3.05
19	16 MnCr S 5 (7)	0.17	0.26	1.18	0.02	0.03	1.03	-	-	nicht bek.	-	6.88±3.27
20	20 MnCr 5 (4)	0.18	0.25	1.13	0.02	0.03	1.04	0.04	0.08	-	10.7±10.6	29.4±3.64
21	20 MnCr 5 (5)	0.21	0.28	1.21	0.02	0.03	1.15	0.02	0.10	El.Stahl	6.40±13.1	13.0±2.80
22	20 MnCr 5 (7)	0.22	0.25	1.23	0.01	0.02	1.30	-	-	nicht bek.	-	4.38±2.39
23	20 MnCr 5 (9)	0.19	0.20	1.35	0.01	0.02	1.20	-	-	-	9.40±12.1	38.7±3.69
24	20 MnCr 5 (10)	-	-	-	-	-	-	-	-	-	9.56±8.29	17.5±2.96

Tabelle 7 : Werkstoffuntersuchungen im Hinblick auf den Wolfram-Gehalt mit NAA.

Lfd. Nr.	Vergütungs-stähle:		Schmelzanalyse nach Herstellerangabe in %								Erschmelzg. soweit bek.	g/g Werkstoff nach Neutronenaktivierung	
			C	Si	Mn	P	S	Cr	Mo	Ni		Mo $g \cdot E^{-4}, E^{-5}$	W $g \cdot E^{-6}, E^{-7}$
25	C 45	(7)	0.42	0.24	0.70	0.02	0.03	0.22	-	-	nicht bek.	1.81+8.29	7.33+3.88
26	C 60	(5)	0.61	0.25	0.69	0.02	0.03	0.20	0.01	0.06	LD-Stahl	3.89+8.53	3.44+3.06
27	C 60	(7)	0.59	0.29	0.73	0.03	0.04	-	-	-	El.Stahl	9.10+1.13	3.74+5.38
28	CK 45	(6)	0.48	0.26	0.70	0.03	0.03	0.17	0.15	0.07	-	39.4+10.8	21.5+2.36
29	CK 45	(6)	0.47	0.03	0.32	0.02	0.02	0.06	0.01	0.05	-	3.21+6.42	4.20+2.06
30	CK 60	(3)	0.58	0.25	0.68	0.01	0.01	0.06	0.02	0.06	El.Stahl	8.75+16.2	3.93+2.72
31	CK 60	(4)	0.60	0.37	0.88	0.02	0.03	0.23	0.04	0.11	-	14.4+19.7	56.3+5.07
32	CK 60	(8)	-	-	-	-	-	-	-	-	-	6.30+7.27	2.22+3.35
33	CK 60	(10)	-	-	-	-	-	-	-	-	-	10.3+8.77	7.86+4.74
34	CK 60	(11)	0.58	0.28	0.70	0.02	0.02	-	-	-	-	4.21+17.4	1.87+6.05
35	41 Cr 4	(2)	0.42	0.29	0.60	0.01	0.03	0.97	-	0.06	-	16.2+9.66	55.1+4.36
36	41 Cr 4	(4)	0.35	0.29	0.68	0.02	0.03	0.96	0.04	0.07	-	10.2+12.7	24.6+8.36
37	41 Cr 4	(5)	0.45	0.34	0.77	0.01	0.03	1.11	0.03	0.17	El.Stahl	8.83+17.8	4.24+3.10
38	41 Cr 4	(7)	0.43	0.23	0.63	0.01	0.02	0.90	-	-	nicht bek.	13.1+7.64	27.6+5.42
39	41 Cr 4	(8)	-	-	-	-	-	-	-	-	-	5.30+20.5	1.97+3.44
40	41 Cr 4	(9)	0.38	0.24	0.60	0.01	0.02	1.00	-	-	-	17.6+9.94	50.5+3.08

LD = Sauerstoff-Aufblasverfahren

- = keine Angabe

nach (6): Analysenverfahren für W-Gehalt in der Industrie
versagen bei W-Gehalt unter 0.01 %

4.3   Verschleißmessung mit Hilfe der Dünnschichtaktivierung

4.3.1   Grundlagen

Die Verschleißmessung unter Anwendung der Dünnschichtaktivierung ermöglicht eine empfindliche und schnelle Messung an Maschinenteilen während des Betriebs. Dabei wird der Verschleiß über die Abnahme der Radioaktivität aufgrund des Materialverlustes ermittelt [40,64].

Bei der Neutronenaktivierung dringen die Neutronen aufgrund ihrer großen freien Weglänge tief in den Werkstoff ein, wodurch das gesamte Volumen aktiviert wird; demgegenüber dringen bei der Dünnschichtaktivierung geladene Teilchen auch bei relativ hoher Energie in der Regel nur einige μm (höchstens einige zehntel mm) in den Werkstoff ein. Dies hat die Aktivierung einer dünnen Oberflächenschicht, die aber zur Verschleißmessung ausreichend ist, zur Folge. Daher kann bei hoher spezifischer Oberflächenaktivität die Gesamtaktivität des Bauteils (hier des Werkzeugs) niedrig gehalten werden; bei einer Neutronenaktivierung des gleichen Teils auf gleiche spezifische Oberflächenaktivität wäre die Gesamtaktivität so hoch, daß umfangreiche Schutzmaßnahmen erforderlich würden.

Geladene Teilchen können aus Elektronen- oder Ionenquellen durch Bestrahlung erzeugt werden, wobei gasförmige, flüssige oder auch feste Substanzen ionisierbar sind. Die geladenen Teilchen durchlaufen im Zyklotron eine kreis- oder spiralförmige Bahn, bevor sie durch ein elektrisches Feld von ihrem ursprünglichen Weg abgelenkt und in einem Strahl gebündelt werden. Die geladenen Teilchen (Protonen) treffen mit hoher Geschwindigkeit auf das Werkstück auf, dringen dort bis in die Atomkerne ein und regen diese an. Als Folge werden Neutronen aus dem hoch angeregten Kern emittiert. Es entsteht ein Isotop des Ausgangselements oder eines anderen Elements, dessen ausgesandte Strahlung, meist γ-Strahlung, gemessen werden kann.

Die Halbwertszeit $T_{1/2}$ ist eine charakteristische Größe des Radionuklids und unabhängig von äußeren chemischen und physikalischen Einflüssen. Der Zerfall ist spontan und rein statistisch, er läßt sich weder beschleunigen noch verzögern.

Der Nachweis der entstehenden Strahlung geschieht über die Wechselwirkung der γ-Strahlung mit dem NaJ-Kristall des Detektors. Zu Verschleißmessungen werden oft Szintillationsdetektoren (am häufigsten mit NaJ-Kristall) verwendet. Die durch Wechselwirkung der Kristalle mit γ-Strahlen entstehenden Lichtblitze (Szintillationen) können über einen Photomultiplier in elektrische Impulse umgewandelt und gezählt werden (Bild 12) [64,65].

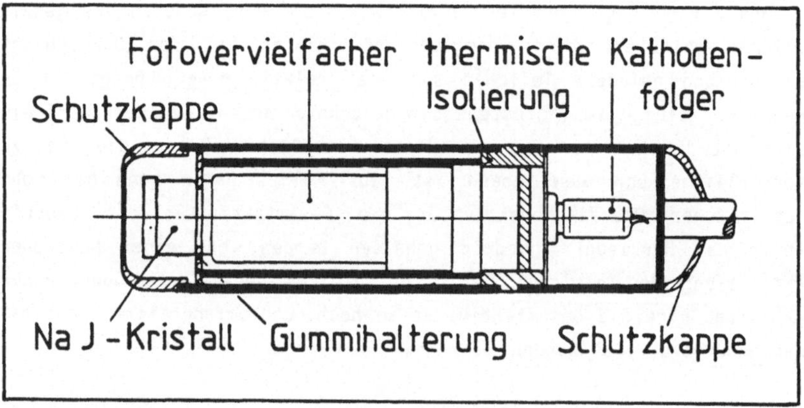

Bild 12 : Szintillationszähler.

Für die Verschleißmessung kommt hier das Dünnschicht-Differenzen-Verfahren (DDV) zur Anwendung, das die durch Massenabtrag (Verschleiß) erfolgende Abnahme der vom Bauteil (Werkzeug) ausgehenden Stahlungsintensität ermittelt.

Zusammengefaßt eignet sich das DDV aus folgenden Gründen gut zur Verschleißermittlung:

- der Verschleiß kann kontinuierlich während des Versuchsablaufs gemessen werden,
- die Aktivierung ist auf eine dünne Schicht von einigen hundertstel bis zehntel Millimeter Dicke begrenzt,

- diese Schicht kann hohe spezifische (auf die Masse bezogen) Aktivität haben,
- die Aktivierung kann flächenmäßig eng begrenzt durchgeführt werden, und
- die Gesamtaktivität des Bauteils ist niedrig, so daß keine aufwendigen baulichen Maßnahmen hinsichtlich des Strahlenschutzes erforderlich sind.

4.3.2. Analyse der tribologischen Vorgänge

Im Hinblick auf die Einsatzmöglichkeit und die Anwendbarkeit des DDV zur Verschleißmessung bei der Massivumformung (hier am Beispiel des Stauchens und Napf-Rückwärts-Fließpressens durchgeführt) werden zunächst die tribologischen Vorgänge am Werkzeug untersucht und beurteilt.

Stauchen

Beim Stauchen zwischen ebenen Bahnen werden durch die Umformkräfte mechanische Beanspruchungen hervorgerufen, die über die Berührflächen in das Werkstück eingeleitet werden. Die Probenstirnseiten werden durch Gleiten, Umwölben und Anlegen der Mantelflächen an die Stauchbahnen vergrößert, wobei der Stofffluß von den Reibbedingungen abhängt. Durch den Gleitvorgang wird der Druckbeanspruchung eine Scherbeanspruchung überlagert, die durch das Reibungsverhalten der Gleitpartner beeinflußt wird [66,67]. Für die Verfahren der Massivumformung werden Reibung und Verschleiß von den Umformbedingungen in der Umformzone, von der Flächenpressung in der Reibfuge, von der Relativgeschwindigkeit zwischen den Reibpartnern, von der Oberflächenvergrößerung des Werkstücks und von den Temperaturverhältnissen in der Wirkfuge sowie vom chemischen Verhalten des Schmierstoffes bestimmt. Daraus resultieren die Beanspruchungen der Stauchbahnoberfläche, die sich in Adhäsions- und Abrasivverschleiß äußern und charakteristische Verschleißbilder zeigen (Bilder 13,14). Je nach Umformtemperatur ergeben sich unterschiedliche Verschleißprofile. Für die Kaltumformung ist von der Stauchkörpermitte aus radial bis hin zum Kantenbereich der Ausgangsprobe nur schwacher Verschleiß zu erkennen. Erst über den Ausgangsradius hinaus ist eine deutliche Auskolkung der Stauchbahn festzustellen.

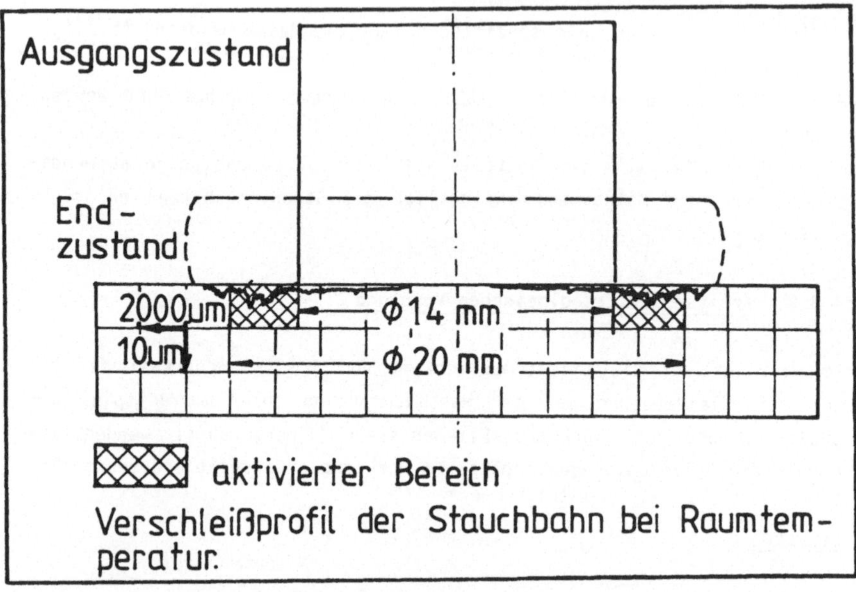

Bild 13: Verschleißprofil bei Raumtemperatur und aktivierter Bereich.

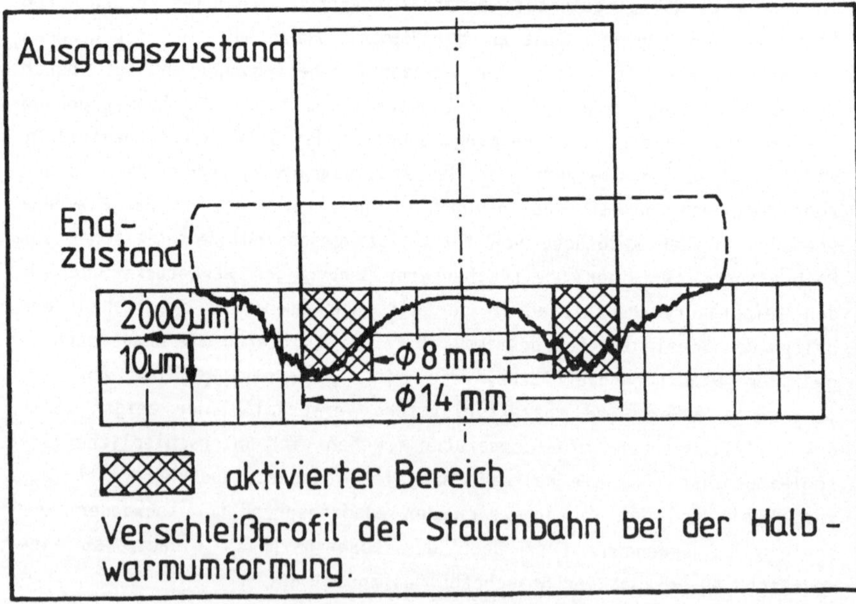

Bild 14: Verschleißprofil bei Halbwarmumformung und aktivierter Bereich.

Der Verschleiß wird unter anderem auch durch den Ausgangszustand der Stauchteile bestimmt. Diese wurden von Walzstäben geschert und weisen daher an den Stirnflächen eine große Rauheit auf. Die Rauheitsspitzen können beim Umformvorgang die aufgebrachte Schmierstoffschicht durchstoßen, so daß es zu einer Annäherung der aufeinander gleitenden Flächen kommt. Dieser Mischreibungszustand führt zu einer metallischen Berührung, die in Bereichen fortschreitender Verminderung des Schmierfilms in den Grenzreibungszustand übergehen kann, wobei örtlich Festkörperreibung einsetzt. Die hier wirkenden Verschleißmechanismen sind Adhäsions- und Abrasivverschleiß.

Bei der Halbwarmumformung ist das Verschleißprofil gegenüber der Kaltumformung deutlich stärker ausgebildet. Auch hier liegen Mischreibungsund, mit zunehmender Verminderung des Schmierstoffs, Grenzreibungszustände vor. Das Verschleißmaximum liegt unter der Ausgangsfläche der Rohteile (Bild 14). Hierfür können thermische Einflüsse, wie auch veränderte Schmier- und Reibungsverhältnisse verantwortlich gemacht werden.

Entsprechend den auftretenden Verschleißprofilen wurde die Aktivierung der Stauchbahnen vorgenommen. Den Erfordernissen: Verschleißlage und Verschleißmaximum (siehe Bilder 13 und 14) entsprechend, wurden lediglich Ringflächen bestrahlt, um die Aktivität optimal einzusetzten.

Napf-Rückwärts-Fließpressen

Der Fließpreßstempel ist beim Napf-Rückwärts-Fließpressen das höchstbelastete Werkzeugteil. Wie in 4.2.2. beschrieben, tritt Werkstoffabtrag durch Verschleiß vornehmlich am Fließbund auf. Zu Beginn des Umformvorgangs wird eine bestimmte Schmierstoffmenge zwischen Stempel und Werkstück eingeschlossen. Während der Umformung ändern sich die Schmierbedingungen, da sich der Schmierstoff auf die stetig wachsende Wirkfläche verteilen muß. Die Schmierfilmdicke nimmt ab, und der Mischreibungszustand geht in den Grenzreibungszustand mit örtlich verstärkter metallischer Berührung über. Die wikenden Verschleißmechanismen sind Adhäsions- und Abrasivverschleiß (vgl. Kap. 4.2.2).

Zur Verschleißmessung mit dem DDV muß demnach nur die eng begrenzte

Oberfläche des Stempel-Fließbundes aktiviert werden (Bild 15).

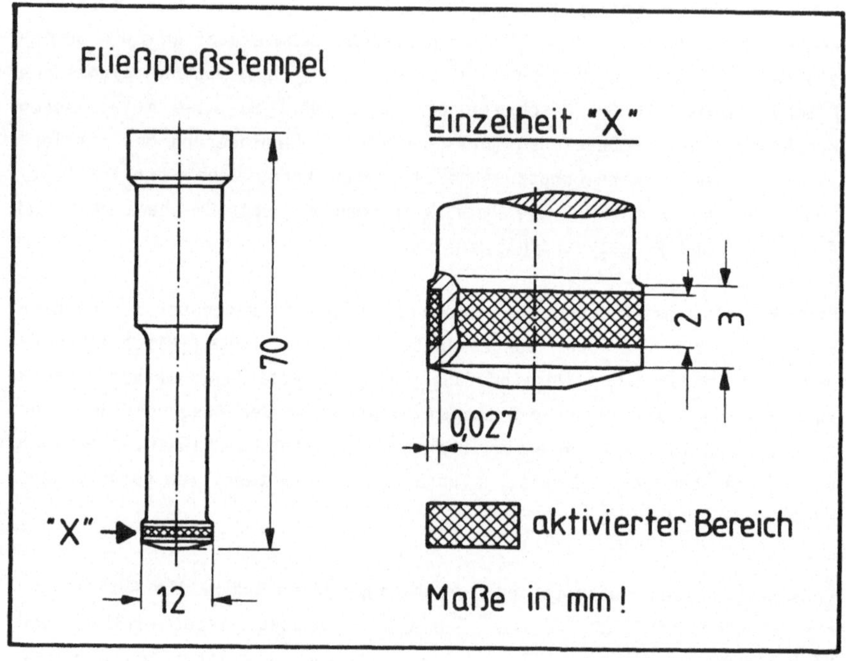

Bild 15: Aktivierter Bereich am Fließpreßstempel.

Eine wichtige Forderung bei der Verschleißermittlung mittels DDV ist, daß die Verschleißpartikel ohne äußeren Eingriff in das tribologische System sich vom Ort der Entstehung entfernen können müssen. Diese Bedingung war für beide betrachtete Umformverfahren ausreichend erfüllt, da die Werkstücke und damit auch eventuelle Verschleißpartikel durch einen kurzen, starken Luftstoß aus dem Werkzeug von der Meßeinrichtung weggeblasen wurden. Zudem haften beim Napf-Rückwärts-Fließpressen die Verschleißteilchen zum größten Teil im Napf und werden mit diesem entfernt.

Eine Vermessung der Näpfe und des vom radioaktiven Stempel auf das Werkstück übertragenen Werkstoffs wie in Untersuchungen von Schlowag u.a. [3] brachte keine Ergebnisse, da die meßbare Impulsrate zu gering, und daher der statistische Fehler zu groß war.

Das Verschleißmeßverfahren mit Hilfe der Dünnschichtaktivierung erfaßt nur den Abrieb am Werkzeug je Umformvorgang für das untersuchte tribologische System. In der Produktion wird eine Vielzahl beeinflussender Faktoren zur Beurteilung der Fertigteile herangezogen; dabei ist die Werkzeugstandzeit nur ein Kriterium: im allgemeinen werden Werkzeuge unbrauchbar, wenn die Werkstücke die zulässigen Toleranzen bezüglich Maß, Form, Lage und Oberflächenzustand durch entsprechende Werkzeugveränderungen überschreiten.

4.3.3. Meßtechnik

Die Empfindlichkeit und Genauigkeit des Nachweisverfahrens kann bei gleicher Energiezufuhr gesteigert werden durch eine dünnere aktivierte Schicht mit Zunahme der spezifischen Aktivität. Das wird erreicht durch Schrägeinstrahlung der geladenen Teilchen. Beispielsweise beträgt für Eisen bei senkrechter Einstrahlung der Teilchen die nutzbare aktivierte Schicht etwa 150 - 200 μm, bei Schrägeinstrahlung dagegen nur 15 - 20 μm; die Empfindlichkeit und Genauigkeit kann so etwa verzehnfacht werden [32].

Eine weitere Bedingung für den Einsatz des DDV besteht darin, daß die aktivierte Oberflächenschicht eine in Tiefenrichtung konstante spezifische Aktivität aufweisen muß [35] , d.h. es muß ein linearer Zusammenhang zwischen der Tiefe der Verschleißschicht s und der Gesamtaktivität existieren. Die Gesamtaktivität ist gemäß Bild 16:

$$A = \int_{S_1}^{S_2} A_s \, ds \ [32,68].$$

Zwischen s_1 und s_2 besteht ein linearer Zusammenhang. Der nichtlineare Bereich wird durch eine Folie abgedeckt, so daß nur der lineare Bereich für die Abtrags- bzw. Verschleißmessung genutzt wird. Dann genügt zur Kalibrierung der Verschleißmeßanlage die Festlegung zweier Punkte.

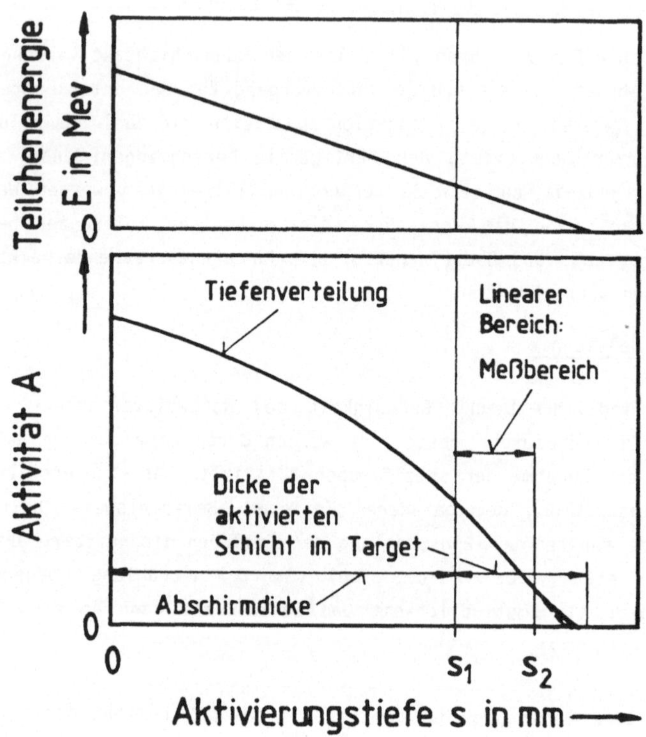

Bild 16: Aktivität in Abhängigkeit von der Aktivierungstiefe.

Der erste Punkt wird festgelegt durch die Anfangsaktivität (Aktivierung des Targets vor Versuchsbeginn). Der zweite Punkt ist der Schnittpunkt der Geraden mit der s- Achse (Eindringtiefe), denn die Reichweite der geladenen Teilchen ist für ein Material und eine Anfangsenergie konstant [33].

Die Verschleißrate kann aus der mit dem Strahlungsdetektor gemessenen Impulsabnahme anhand einer Kalibrierkurve ermittelt werden (Bild 17 nach [40]): Bekannt sind die Anfangsaktivität $I_{20}(t_0)$, die linear

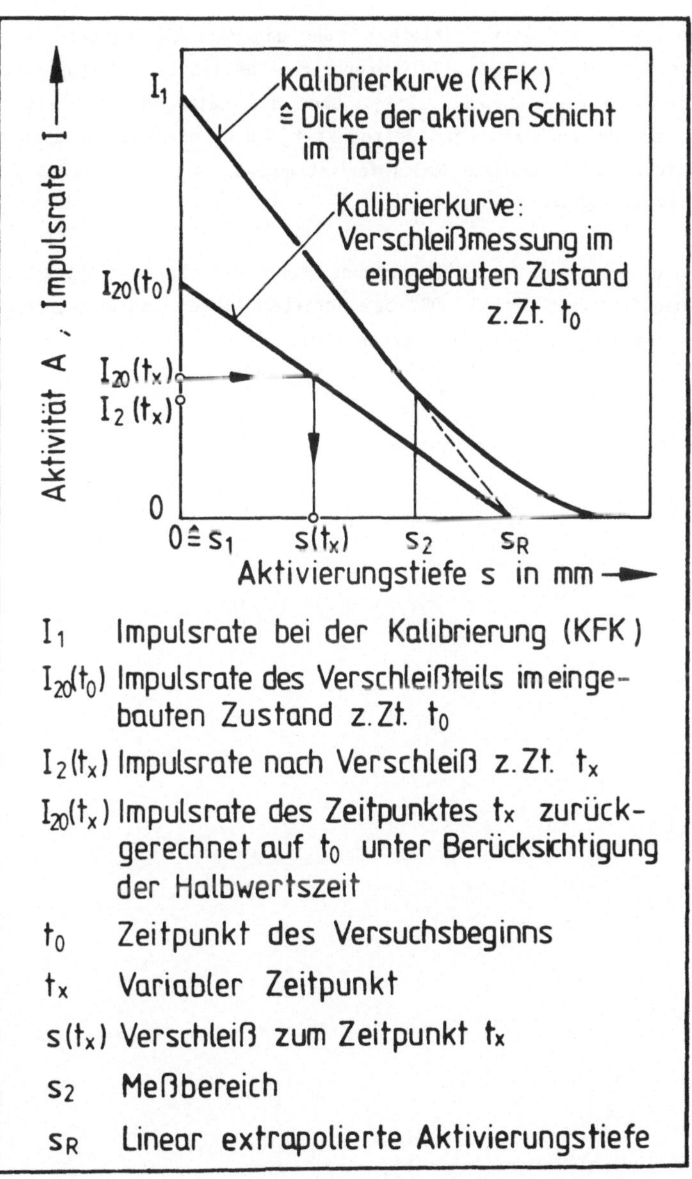

I_1 Impulsrate bei der Kalibrierung (KFK)

$I_{20}(t_0)$ Impulsrate des Verschleißteils im eingebauten Zustand z. Zt. t_0

$I_2(t_x)$ Impulsrate nach Verschleiß z. Zt. t_x

$I_{20}(t_x)$ Impulsrate des Zeitpunktes t_x zurückgerechnet auf t_0 unter Berücksichtigung der Halbwertszeit

t_0 Zeitpunkt des Versuchsbeginns

t_x Variabler Zeitpunkt

$s(t_x)$ Verschleiß zum Zeitpunkt t_x

s_2 Meßbereich

s_R Linear extrapolierte Aktivierungstiefe

Bild 17: Aktivitätsverlauf im linearen Meßbereich und Beispiel zur Berechnung der Verschleißtiefe [40].

extrapolierte Aktivierungstiefe s_R und die dadurch festgelegte Gerade. Das verschleißende Bauteil liefert zum beliebigen Zeitpunkt t_x die Impulsrate $I_2(t_x)$, bzw. $I_{20}(t_x)$. Über die Kalibrierkurve ergibt sich $s_{(t_x)}$, die Höhenabnahme zum Zeitpunkt t_x, d.h. der Materialabtrag durch Verschleiß. Die maximale Meßtiefe ist mit s_2 festgelegt (0 bis s_2 ist der lineare Meßbereich).

Abhängig von der Versuchsanordnung kann der Materialabtrag bei der Verschleißmessung mittels DDV bei Abriebschichten von etwa ± 0,5 μm mit ± 10 % Genauigkeit gemessen werden [68].

5   Experimentelle Untersuchungen

5.1   Umformverfahren

Als Umformverfahren wurden das Stauchen zwischen ebenen Bahnen, ein Grundverfahren der Umformtechnik, das häufig als Modellversuch für theoretische Untersuchen Anwendung findet, sowie als ein Verfahren mit extremer Werkzeugbelastung das Napf-Rückwärts-Fließpressen eingesetzt.

5.1.1   Stauchen zwischen ebenen Bahnen

Das Stauchen zwischen ebenen Bahnen eignet sich dank der einfachen Werkzeugausführung für experimentelle Untersuchungen des Verschleißverhaltens von Werkzeugen.

Als Umformgrad wurde gewählt:

$$\varphi = \left| \ln \frac{h}{h_0} \right| = 1{,}1$$

mit der Rohteilgeometrie:

        Durchmesser: $d_0 = 14$ mm
        Höhe   : $h_0 = 12$ mm.

5.1.2   Napf-Rückwärts-Fließpressen

Das Napf-Rückwärts-Fließpressen weist gegenüber dem Stauchen wesentlich höhere Werkzeugbelastungen auf: Es ergeben sich hohe Relativgeschwindigkeiten der Reibpartner (Werkstück und Fließbund des Stempels), außerdem treten hohe Flächenpressungen an der Stempelstirnfläche auf, und es kommt zu einer extremen Oberflächenvergrößerung der Werkstücke. Daher werden bei diesem Verfahren maximale Anforderungen sowohl an die Werkzeuge, insbesondere den Fließpreßstempel, als auch an den Schmierstoff gestellt.

In den Untersuchungen wurde eine relative Querschnittsänderung von

$$\mathcal{E}_A \;=\; \frac{A_o - A_1}{A_o} \;=\; 0{,}71$$

gewählt.

Die Rohteilstirnfläche beträgt: $A_o = 154 \text{ mm}^2$.

5.2 Versuchswerkzeuge

Die Versuchswerkzeuge sind auf den Bildern 18 und 19 dargestellt. Auf eine Werkzeugvorwärmung wurde verzichtet, da sich bei dem hohen Teiledurchsatz der kontinuierlichen Verschleißversuche schon nach wenigen Teilen eine stationäre Temperatur einstellt. Die Werkstoffauswahl für die Werkzeuge wurde wie folgt getroffen:

Umformung bei Raumtemperatur:

- Stauchbahnen
  Schnellarbeitsstahl S 6-5-2, gehärtet auf 62 - 64 HRC,
  Kaltarbeitsstahl X 155 CrVMo 12 1, gehärtet auf 61 - 63 HRC,
  Warmarbeitsstahl X 40 CrMoV 5 1, gehärtet auf 54 - 56 HRC.

- Fließpreßstempel
  Schnellarbeitsstahl S 6-5-2, gehärtet auf 62 - 64 HRC,
  Kaltarbeitsstahl X 155 CrVMo 12 1, gehärtet auf 61 - 63 HRC,
  Hartmetall G 15, Härte: 75 HRC.

- Preßbüchse
  Kaltarbeitsstahl X 155 CrVMo 12 1, gehärtet auf 60 - 61 HRC.

- Schrumpfring
  Warmarbeitsstahl X 40 CrMoV 5 1, gehärtet auf 54 - 56 HRC.

Halbwarmumformung:

- Stauchbahnen
  Schnellarbeitstahl S 6-5-2, gehärtet auf 62 - 64 HRC,

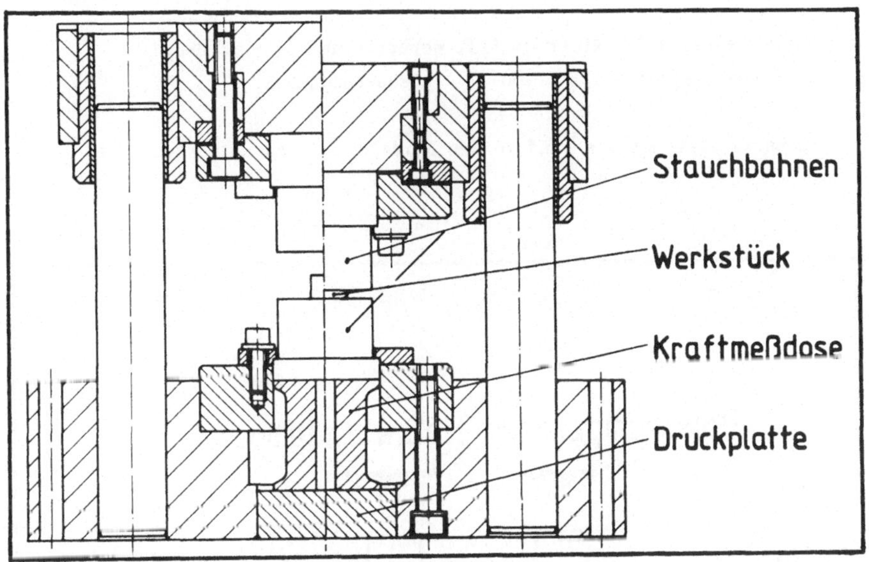

Bild 18 : Versuchswerkzeug für das Stauchen.

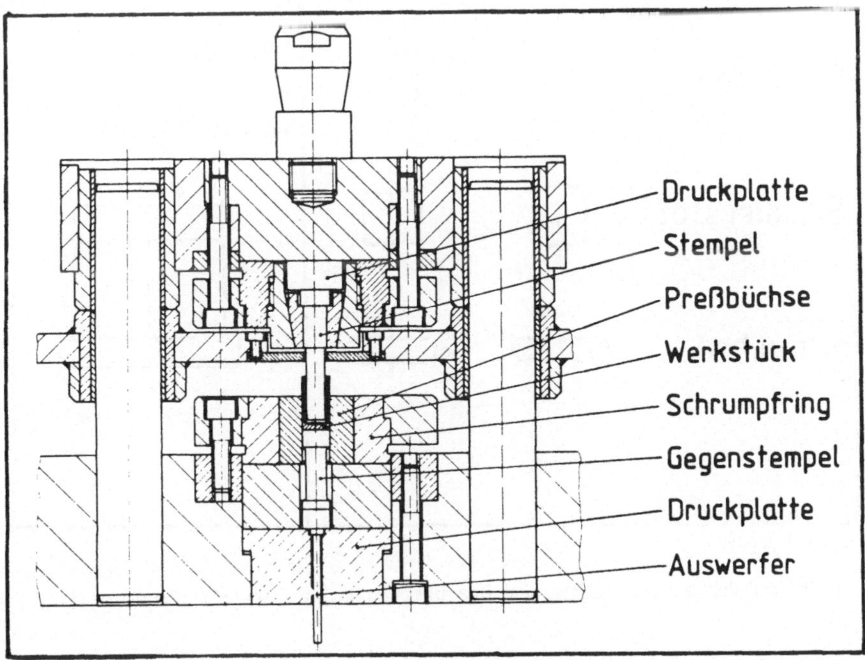

Bild 19 : Versuchswerkzeug für das Napf-Rückwärts-Fließpressen.

Warmarbeitsstahl X 40 CrMoV 5 1, gehärtet auf 54 - 56 HRC,
Kaltarbeitsstahl X 155 CrVMo 12 1, gehärtet auf 61 - 63 HRC.

Die Werkzeuggeometrien sind in den Bildern 20 und 21 dargestellt.

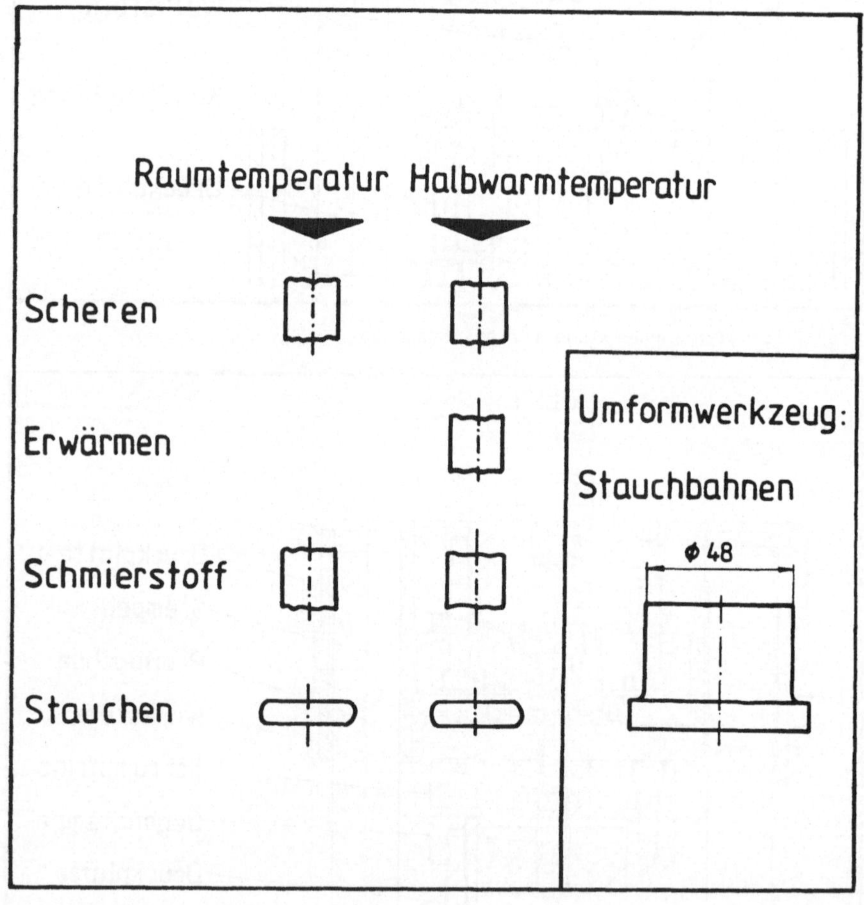

Bild 20: Werkzeuggeometrie und Bearbeitungsfolge beim Stauchen.

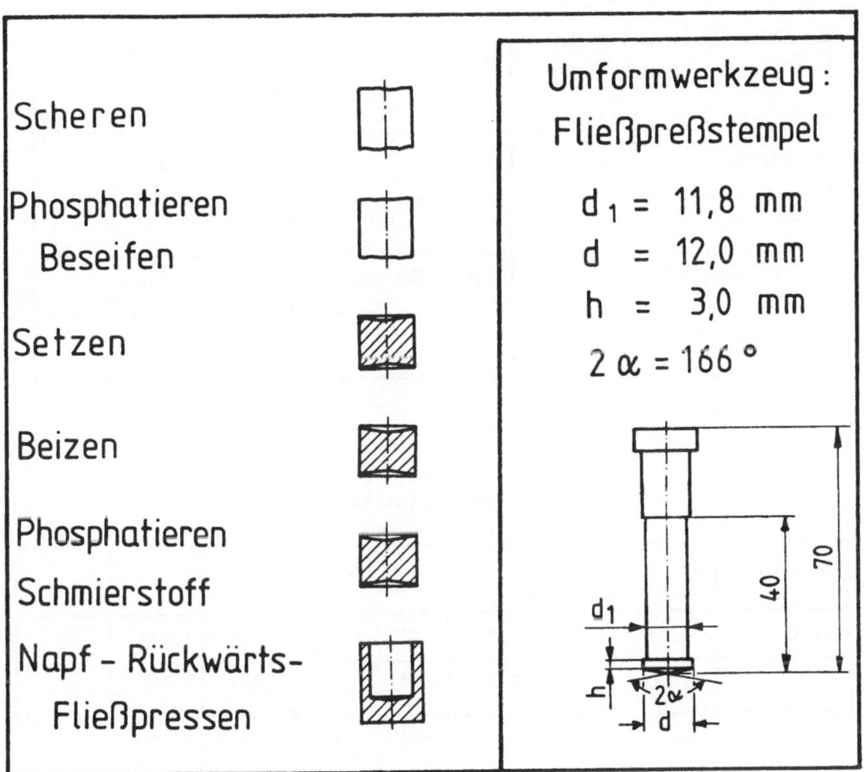

Bild 21: Stempelgeometrie und Bearbeitungsfolge beim Napf-Rückwärts-
Fließpressen.

5.3 Werkstückwerkstoffe

Als Werkstückwerkstoffe werden die folgenden Stähle gewählt:

- Einsatzstahl   20 MnCr 5
- Vergütungsstahl 41 Cr 4.

Die mechanischen Kennwerte wurden in Tabelle 8 zusammengestellt, die
chemische Zusammensetzung ist der Tabelle 9 zu entnehmen (Herstellerangaben).

Tabelle 8: Mechanische Kennwerte der Werkstückwerkstoffe (nach [63]).

Allgemeine Bezeichnung	Einsatzstahl	Vergütungsstahl
Kurzname	20 MnCr 4	41 Cr 4
Werkstoff-Nr.	1.7147	1.7035
Fließspannung k_{f0} in N/mm²	240 - 400	270 - 420
Zugfestigkeit R_m in N/mm²	980 - 1270	980 - 1180

Tabelle 9: Chemische Zusammensetzung der Werkstückwerkstoffe.

Werkstoff	Werkstoff-Nr.	C	Si	Mn	P	S	Cr
20 MnCr 5	1.7147	0.19	0.20	1.35	0.011	0.023	1.20
41 Cr 4	1.7035	0.38	0.24	0.60	0.014	0.015	1.00

Die Werkstoffe wurden direkt vom Stahlhersteller gewalzt (nach DIN 1013) und GKZ-geglüht bezogen. Der Durchmesser betrug einheitlich 14 mm.

Die Stäbe wurden zunächst geschert (Gewicht: 14,3 ± 0,1 g) und anschließend je nach Umformverfahren weiter bearbeitet. Bild 20 gibt die Bearbeitungsfolge für das Stauchen, Bild 21 die für das Napf-Rückwärts-Fließpressen an.

5.4   Werkstück- und Werkzeugschmierung

5.4.1   Schmierstoffe

Die eingesetzten Schmierstoffe wurden in Anlehnung an die industrielle

Praxis ausgewählt, unter Beachtung der geforderten Temperaturbeständigkeit für Kalt- und Halbwarmumformung.

Schmierstoffe für die Kaltumformung

Firmenbezeichnung	Hersteller	Wirkstoffe nach Herstellerangebe	Einsatztemp.
Bonderluhe 236	Chemetall	Alkaliseife in Lösung	ca. 240 °C
Molydag 16	Deutsche Acheson GmbH	MoS_2-Wasser-Suspension	ca. 400 °C

Als Schmierstoffträgerschicht wurde für die Kaltumformung eine Zinkphosphatschicht von 12 bis 15 μm Dicke aufgebracht.

Schmierstoffe für die Halbwarmunformung

Firmenbezeichnung	Hersteller	Wirkstoffe	Feststoffgehalt Teilchengröße Mischungsverhält- nis in Wasser
Delta 144	Deutsche Acheson GmbH	Graphit und organische Substanzen	40 % 1 - 10 µm 1 : 4

Für die Halbwarmumformung wurde eine reine Werkzeugschmierung gewählt.

Sprühbedingungen

Sprühabstand   60 - 80 mm
Sprühdruck   0,6 bar

Sprühdauer   ca. 0,5 s
Schmierstoffvolumen ca. 0,2 - 0,3 cm^3.

Die Stauchbahnen wurden aus drei Düsen vor jedem Umformvorgang besprüht.

5.4.2   Reibzahlermittlung im Ringstauchversuch

Der Ringstauchversuch dient zur Ermittlung der Reibzahl μ als Kenngröße für die Beurteilung von Schmierstoffen. Er liefert keine Aussagen über Verschleiß, Oberflächenbeschaffenheit, Aufbringen und Entfernen des Schmierstoffs oder Belästigung bzw. Gesundheitsschädigung der mit den Stoffen umgehenden Mitarbeiter [69,70,71].

Zur Beschreibung der Kinematik beim Ringstauchen muß ein Geschwindigkeitsfeld aufgestellt werden. Für den Ansatz dieses Geschwindigkeitsfeldes wird die Stauchprobe in zwei Gebiete aufgeteilt; der beim Stauchen verdrängte Werkstoff fließt teils radial nach außen und teils radial nach innen ab. Die beiden Gebiete sind durch eine Fließscheide voneinander getrennt. Die Lage der Fließscheide hängt von den Reibungsbedingungen ab, aus denen die Reibzahl μ zu erhalten ist.

Zur Ermittlung der Reibzahl in Abhängigkeit vom Schmierstoff werden Innendurchmesser und Endhöhe der gestauchten Ringe gemessen, und aus dem von Burgdorf erstellten Nomogramm die zugehörigen μ-Werte abgelesen (Bild 22).

Versuchsdurchführung

Die Werkstoffe: 20 MnCr 5 und 41 Cr 4 wurden untersucht.

Als Schmierstoffe wurden verwendet:

- für die Kaltumformung
    Bonderlube 236
    Molydag 16

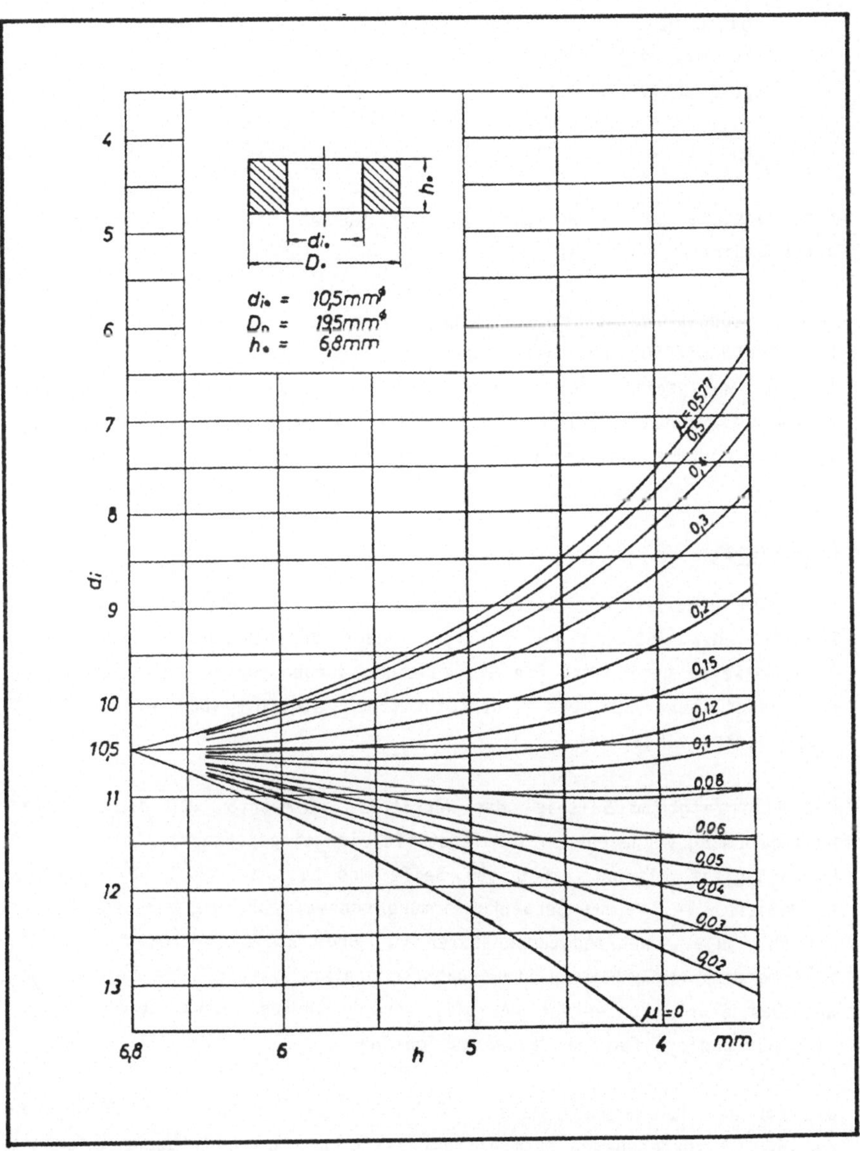

Bild 22: Nomogramm zur Ermittlung der Reibzahl aus dem Ringstauch-versuch [71].

- für die Halbwarmumformung

    DAG 5119

    Thermex 8253

    Zepf VP IV

    Glas II *

    Glas V *

Die Versuche im Halbwarmumformbereich wurden mit Werkzeugschmierung durchgeführt.

Als Versuchsmaschine diente eine Exzenterpresse (Fabrikat Schuler, Modell PED 63/250) mit einer Nennkraft von F_N = 630 kN. Die Stauchbahnen (Werkstoff: NiCr 19 CoMo, Werkstoffnummer: 2.4973) konnten in einem aufklappbaren Rohrofen erwärmt werden; die Temperaturüberwachung erfolgte durch ein in der Stauchbahn angebrachtes Thermoelement.

Ergebnisse

Bild 23 zeigt die ermittelten Reibzahlen μ in Abhängigkeit von der Rohteil- bzw. Stauchbahntemperatur. Jeder Versuchspunkt wurde durch drei Meßwerte gesichert. Die Stauchbahnen wurden vor Versuchsbeginn auf die jeweiligen (aus dem kontinuierlichen Stauchversuch ermittelten) Temperaturen vorgewärmt.

Das Bild zeigt am Beispiel des Werkstoffs 20 MnCr 5, daß die für die Kaltumformung vorgesehenen Schmierstoffe eine eingeschränkte Temperaturbeständigkeit bis ca. $200^{o}C$ bei Seife und bis ca. $400^{o}C$ bei Molydag aufweisen - bei Raumtemperaturumformung können, abhängig von Geometrie, Hubzahl, u.a., Werkzeugtemperaturen von über $200^{o}C$ auftreten - . Mit zunehmenden Rohteil- bzw. Stauchbahntemperaturen steigt die Reibzahl μ an. Das Graphitkonzentrat DAG 5119 versagt ab ca. $600^{o}C$, eignet sich also nur bedingt für die Halbwarmumformung.

Die für die Halbwarmumformung (Temperaturbereich zwischen ca. $500^{o}C$ und ca. $800^{o}C$) vorgesehenen Schmierstoffe sind über dem untersuchten Temperaturbereich relativ beständig, die Reibzahlen liegen fast ausnahmslos unter μ = 0,1.

---

* Neuartige Sondergläser, hergestellt am Institut für Physikalische Chemie der Universität Hamburg.

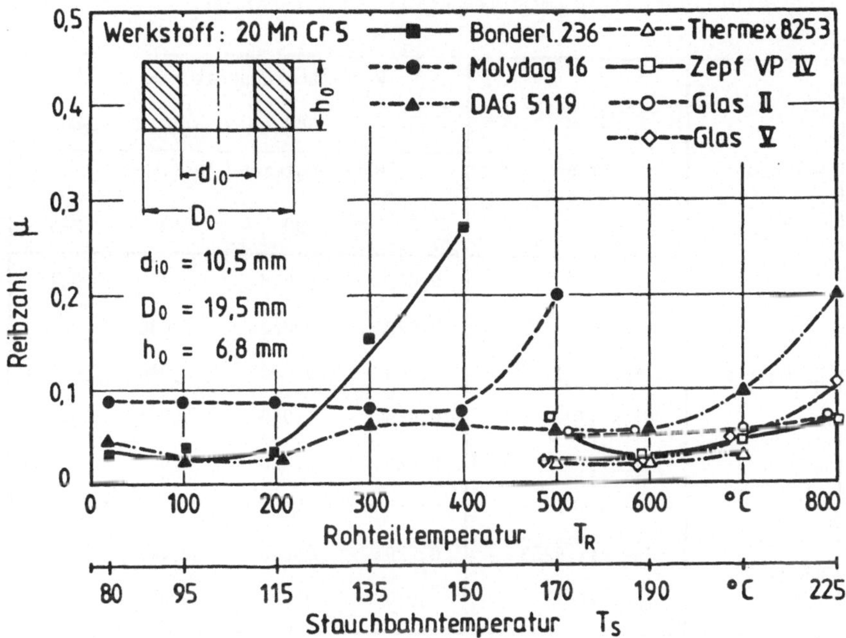

Bild 23 : Einfluß der Umformtemperatur auf die Reibzahl.

Die Tabelle 10 zeigt die Reibzahlen im Halbwarmumformbereich für die beiden untersuchten Werkstoffe 20 MnCr 5 und 41 Cr 4. Es ergeben sich keine nennenswerten werkstoffabhängigen Unterschiede. Gleiches beobachtete auch Geiger [69] bei Untersuchungen an Ck 45 und 16 MnCr 5.

Die Untersuchung der Reibzahlen im Ringstauchversuch zeigen keinen herausragenden Schmierstoff für die Halbwarmumformung. Alle eingesetzten Halbwarm-Schmierstoffe ergeben kleine Reibzahlen im Temperaturbereich zwischen 500°C und 800°C. Der Versuch erlaubt allerdings, wie bereits erwähnt, keine weiteren Aussagen über die Brauchbarkeit der Schmierstoffe in bezug auf Verschleiß, Oberfläche usw.

Tabelle 10: Einfluß der Umformtemperatur auf die Reibzahl.

Werkstoff	Schmierstoff	Werkstücktemperatur in °C			
		500	600	700	800
		Werkzeugtemperatur in °C			
		170	190	210	225
20 MnCr 5	DAG 5119	0,045	0,050	0,100	0,200
	Thermex 8253	0,020	0,020	0,030	-
	Zepf VP IV	0,050	0,020	0,040	0,070
	Glas II	0,065	0,050	0,065	0,065
	Glas V	0,020	0,020	0,070	0,110
41 Cr 4	Thermex 8253	0,020	0,020	0,020	-
	Zepf VP IV	0,050	0,020	0,040	-

5.5 Umformtemperaturen

Neben den Verschleißuntersuchungen bei Raumtemperatur wurden Versuche im Temperaturbereich der Halbwarmumformung durchgeführt. Dabei erfolgte die Festlegung der Rohteiltemperatur (= Temperatur des Teiles am Ofenausgang) unter Berücksichtigung der umzuformenden Werkstückwerkstoffe. Um einerseits den Bereich der Blausprödigkeit bei zu niedrigen Temperaturen, und andererseits den der Zunderbildung bei zu hohen Temperaturen zu vermeiden, wurden die Temperaturen auf 600°C und 700°C festgelegt.

Die Erwärmung erfolgte in einem widerstandsbeheizten Rohrdurchstoßofen (PEDE, Firma Deutschmann). Die Temperaturkontrolle der erwärmten Werkstücke fand am Ofenausgang durch einen Infratherm-Meßumformer (IS 2, Fa. Gulton) statt. Die durch die Regelung des Ofens bedingten Temperaturschwankungen betrugen etwa ± 15°C.

Die Zunderbildung konnte trotz der langen Durchlaufzeit von etwa 6 Minuten vernachlässigt werden, es konnte kein Zunder auf den erwärmten
Rohteiloberflächen nachgewiesen werden (Oberflächenuntersuchungen wurden am Max-Planck-Institut für Metallforschung, Institut für Werkstoffwissenschaften in Stuttgart durchgeführt).

5.6   Aufbau der Versuchsanlage

Verschleißuntersuchungen unter fertigungsähnlichen Bedingungen erfor-
dern einen extrem hohen Versuchsaufwand, um mit einem automatisierten
Versuchsablauf reproduzierbare Bedingungen einhalten zu können. Die
Versuchsanlage ist in Bild 24 dargestellt.

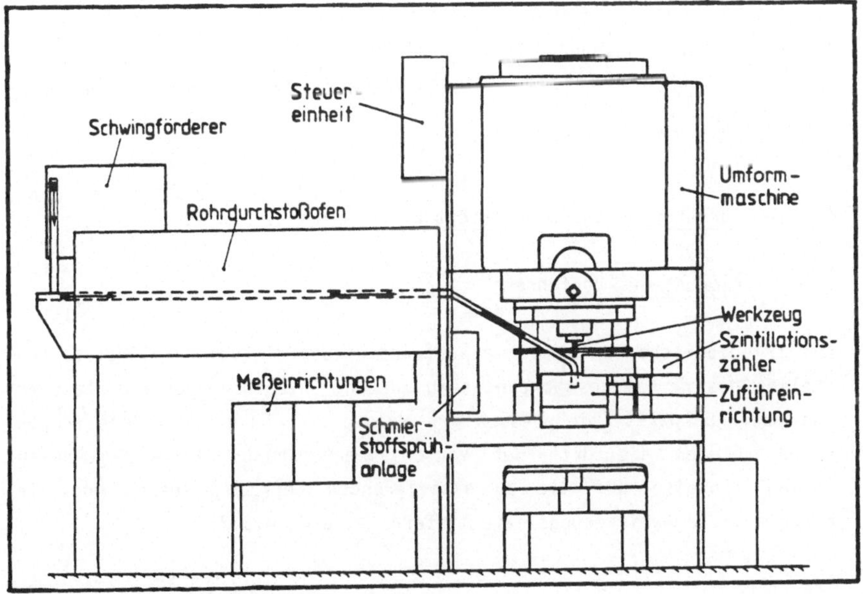

Bild 24: Aufbau der Versuchsanlage.

Ein Schwingförderer bringt die Rohteile bis zur Aufnahmestelle des
Durchstoßofens, durch den sie mittels Pneumatikzylinder synchron zum
Hub der Maschine geschoben werden. Nach Austritt aus dem Ofen gelangen
die Werkstücke über eine Rutsche auf einen Auffangmagneten vor dem

Werkzeug. Dort werden sie von einer pneumatisch angetriebenen Greifer-schiene erfaßt und in das Werkzeug (Stauchbahn oder Matrize) geführt. Während der Vorwärtsbewegung der Greifer wird bei der Werkzeugschmie-rung für die Halbwarmumformung durch die Sprühanlage eine definierte Schmierstoffmenge auf die Werkzeuge aufgebracht.

Die Greiferschiene fährt während des Umformvorganges - Stauchen bzw. Napf-Rückwärts-Fließpressen - in ihrer Ausgangsstellung zurück.

Nach der Umformung wird das Fertigteil beim Rückhub der Maschine mit Druckluft nach hinten ausgeblasen und gelangt über eine Rutsche in den Auffangbehälter.

Für die Versuche stand eine C-Gestell-Kniehebelpresse (MAYPRESS, Typ MKN 1-63/6) mit F_N = 630 kN Nennkraft und einem Gesamthub von H = 60 mm zur Verfügung. Der Hubzahlbereich der Maschine, der durch die pneuma-tische Zuführeinrichtung eingeschränkt ist, liegt zwischen n_H = 30 min^{-1} und 50 min^{-1}.

5.7   Vorversuche zum Dünnschicht-Differenzen-Verfahren

5.7.1   Eignung des Verfahrens

Aus tribologischer Sicht ist es notwendig, daß die verschleißrelevanten Stellen des Werkzeuges bekannt sein müssen. Untersuchungen zum Stauchen und Napf-Rückwärts-Fließpressen von Weiergräber [2] und eigene Ergeb-nisse belegen die Orte der Verschleißentstehung; diese Ergebnisse sollen Hinweise auf die zu aktivierenden Werkzeugbereiche und die erforderliche Aktivierungstiefe liefern (s. auch 4.3.2):

Stauchen

Die einfache Werkzeuggeometrie beim Stauchen garantiert eine problem-lose Versuchsdurchführung ohne Gefahr des Werkzeugbruchs. Die Stauch-bahnoberflächen und damit die verschleißenden Stellen sind leicht zu-gänglich und mit konventionellen Meßgeräten (Oberflächentaster) zu ver-messen.

Das DDV ist nur bedingt geeignet zur Verschleißmessung beim Kalt-
stauchen. Ungünstig wirken sich hier die geringe Tiefe und die große
Oberfläche des Verschleißprofils aus (siehe Bild 13, Kapitel 4.3.2).
Das Verschleißmaximum liegt beim Kaltstauchen mit Schnellarbeitsstahl-
Werkzeugen im Bereich von W = 3 μm/10.000 Teile (die geringste erreich-
bare Aktivierungstiefe beträgt etwa 15 μm).

Die Verschleißbeträge beim Stauchen im Halbwarmtemperaturbereich liegen
für Werkzeuge aus Schnellarbeitsstahl bei etwa W $\approx$ 50 μm/10.000 Teile
und sind daher mit dem DDV gut nachweisbar. Die Stauchbahnaktivierung
erfolgte gemäß der in Kapitel 4.3.2 ermittelten zylindrischen Form mit
den dem Verschleiß entsprechenden Abmessungen der aktivierten Zone.

Bei der Umformung bei hohen Temperaturen (Rohteiltemperatur bis 700°C)
ist die Wärmeempfindlichkeit des NaJ-Kristall-Detektors zu beachten.
Während in früheren Versuchen an sich aufwärmenden verschleißenden
Maschinenteilen eine Wasserkühlung des Meßgerätes durchgeführt wurde
[40], konnte im vorliegenden Fall auf eine Kühleinrichtung verzichtet
werden: Versuche ergaben, daß die von den erwärmten Rohteilen bzw. den
erwärmten Stauchbahnen ausgehende Wärme den Detektor auf nicht mehr als
30°C bis 40°C erwärmt.

Bezüglich der Umformtemperatur bestehen keine weiteren Beschränkungen
für den Einsatz des DDV für die Verschleißmessung.

Napf-Rückwärts-Fließpressen

Beim Napf-Rückwärts-Fließpressen tritt der meßbare Verschleiß fast ausschließlich am Fließbund auf. In Langzeitversuchen, die sich an praxis-
übliche Fertigungstoleranzen anlehnen, wurden für die gewählten Ver-
fahrensparameter (Werkzeugwerkstoffe, Werkstückwerkstoffe, u.a.) Verschleißbeträge, d.h. Napfinnendurchmesserabnahmen von 15 - 40 μm/10.000
gepreßte Näpfe ermittelt (Bild 8). Dementsprechend wurden auch die
Aktivierungstiefen festgelegt.

5.7.2 Aktivierung der Werkzeuge

Die Aktivierung der Werkzeuge wurde unter Berücksichtigung der in
Vorversuchen erhaltenen Verschleißdaten im Kernforschungszentrum Karlsruhe (KFK) am Zyklotron durchgeführt. Für die Aktivierung der verwendeten Werkzeugwerkstoffe liegen dort ausreichende Erfahrungen vor.
Ausgehend vom Eisen, dem Hauptbestandteil der Werkzeuge, entsteht im
wesentlichen das Isotop Co-56 mit einer Halbwertszeit von etwa 77 Tagen
und in geringen Anteilen das kurzlebige Mn-52 (Halbwertszeit etwa 6
Tage).

Nach einer Wartezeit von etwa drei bis vier Wochen (das entspricht etwa
drei Halbwertszeiten des Mn-52) zwischen Aktivierung und Verschleißmessung ist Mn-52 weitgehend abgeklungen, und das Meßisotop Co-56 bleibt
nahezu rein erhalten. Für jedes aktivierte Bauteil wird eine Kalibrierkurve über den Aktivitätsverlauf in Tiefenrichtung erstellt; die Gleich-
mäßigkeit innerhalb der aktivierten Fläche wird mit ± 5% gewährleistet
[40].

5.7.3 Messung und Auswertung

Die Messung der Aktivität erfolgte mit dem fest auf den Maschinentisch
aufgespannten NaJ-Szintillationszähler (Bild 25). Der Abstand zwischen
Werkzeug und Kristall betrug etwa 150 - 200 mm und war für eine genaue
Verschleißmessung ausreichend. Um eine möglichst hohe Impulsrate zu
erhalten, wurde die ausgesandte γ-Strahlung über den gesamten Energiebe-
reich oberhalb des niederenergetischen Compton-Bereichs integral gemessen (Bild 26). Der zeitliche Abfall der Aktivität wurde parallel
mit Hilfe eines zweiten Szintillationszählers ermittelt, um die für das
Isotopengemisch resultierende Hartbwertszeit zu ermitteln (Bild 27).
Dazu wurden Referenzproben aus gleichem Werkstoff unter gleichen Bedingungen im KFK bestrahlt. Bei der Versuchsauswertung wurde auf die
Untergrundstrahlung (Nulleffekt) korrigiert.

Als Meßwerte werden die Impulsraten und die zugehörige Zeit erfaßt und
über einen Drucker ausgegeben. Ein Rechenprogramm ermittelt unter Beachtung der Halbwertszeit und der Kalibrierwerte für den Tiefenverlauf die
Verschleißrate als Funktion der Versuchszeit. Durch Einbeziehen der
Maschinenhubzahl kann der Verschleiß pro Teil berechnet werden.

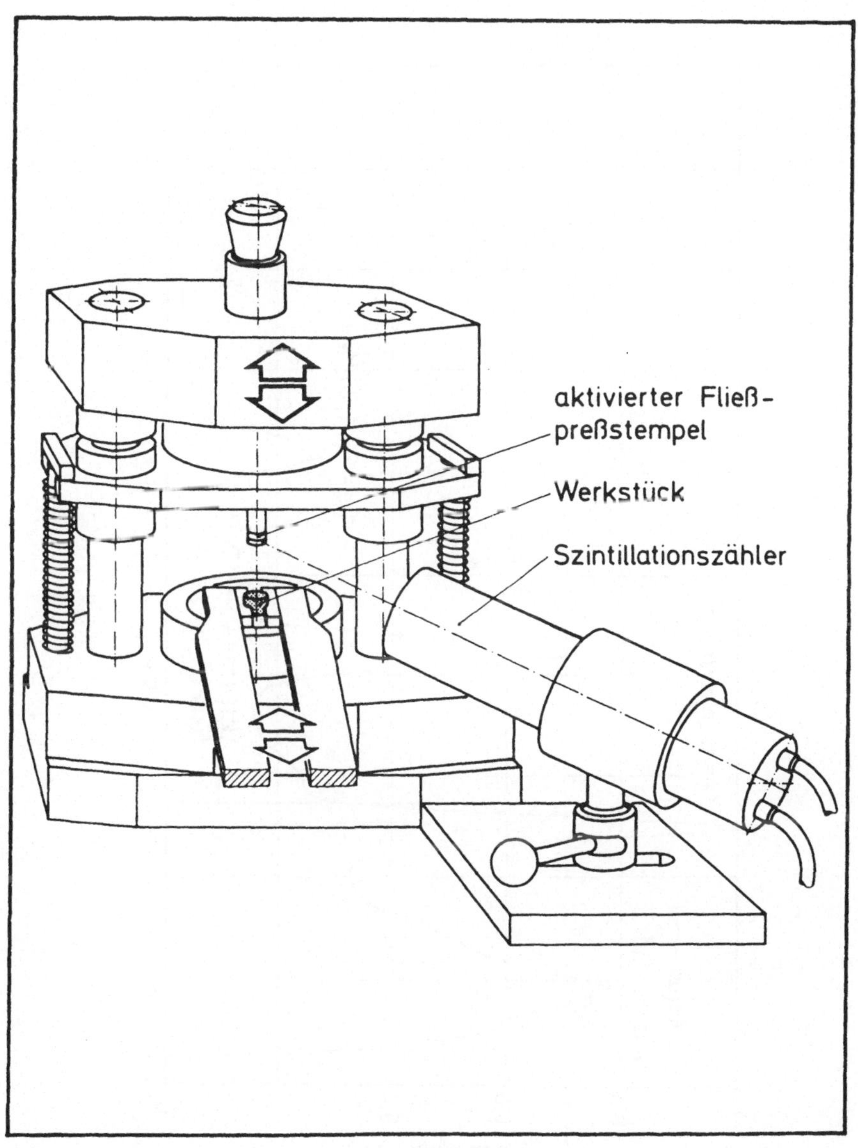

Bild 25 : Versuchsanordnung zur Messung mit dem DDV.

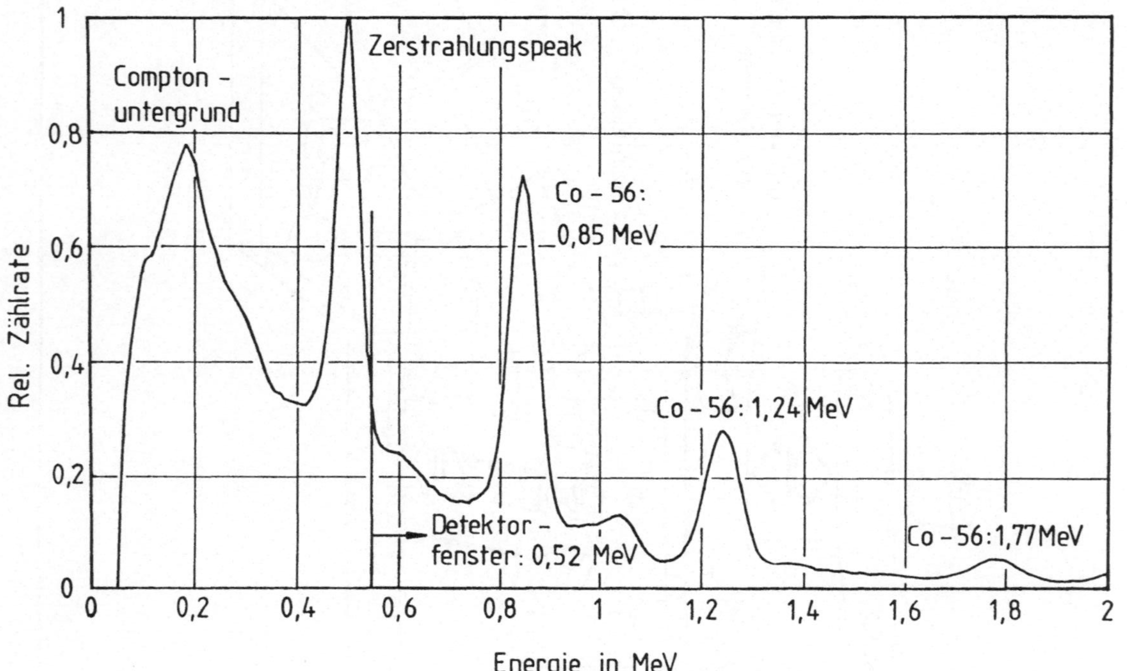

Bild 26: γ - Spektrum.

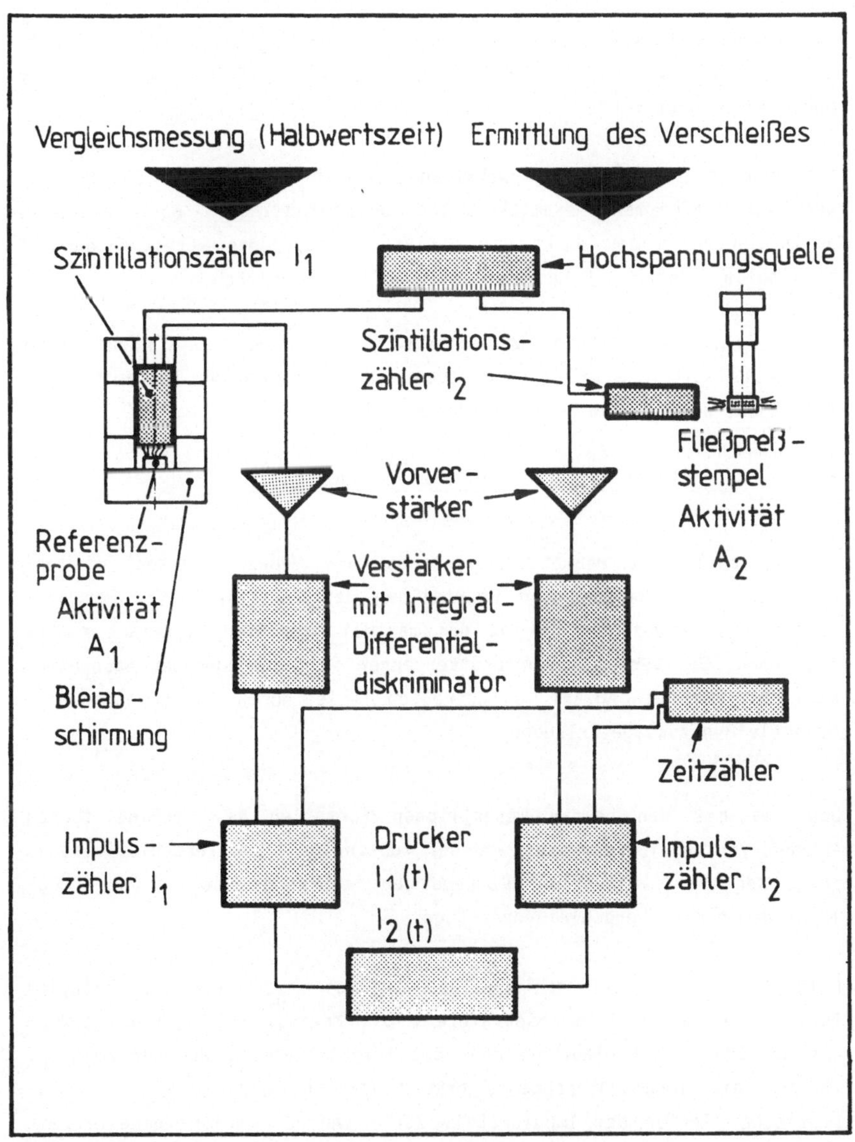

Bild 27: Blockschaltbild des Versuchsaufbaus zur Verschleißmessung mit dem DDV.

5.7.4 Strahlenschutz

Die ergänzte Fassung der Strahlenschutzverordnung (StrlSchV) von 1976 schreibt vor, wie hoch die maximal zulässige Strahlenbelastung für den Menschen sein darf [72].

Die dünnschicht-aktivierten Werkzeuge (Stauchbahnen und Fließpreßstempel) haben eine max. Gesamtaktivität von etwa $3,7 \cdot 10^5$ Bq. Sie liegen damit innerhalb der durch die StrlSchV festgelegten Freigrenzen und sind meldepflichtig, jedoch nicht mit Auflagen versehen.

Nach Gebrauch werden die radioaktiven Werkzeuge an das KFK oder eine andere befugte Stelle zurückgegeben. Die sehr gering kontaminierten Werkstücke unterliegen keinen weiteren Auflagen.

5.7.5 Abschätzung der erforderlichen Versuchsdauer

Die konventionelle Meßmethode verlangt eine Meßwerterfassung mit anschließender Auswertung und Beurteilung der Verschleißrate. Der Verschleiß ist dabei nur bis zu der maximal gepreßten Stückzahl sicher anzugeben. Das Verschleißkurzprüfverfahren soll demgegenüber nach einer möglichst geringen Anzahl von gepreßten Teilen durch Extrapolation eine Verschleißvoraussage erlauben.

Das DDV mit den beiden wesentlichen Vorteilen des empfindlicheren Abtrags-Verschleißnachweises und der kontinuierlichen Verschleißmessung zeigt den Verschleißverlauf während der Fertigung genau an und ermöglicht damit eine Verschleißvorhersage.

Bild 28 zeigt die erforderliche Gesamtmeßzeit t_{ges} (stückzahlabhängig) für jeweils einen Versuchsparameter. Die Meßzeit setzt sich zusammen aus der Zeit des Einlaufbereiches des Tribosystems t_E und der Zeit t_k, in der die Impulsratenabnahme größer ist als $4 \cdot \sigma$ ($2 \cdot \sigma = \pm \sqrt{I}$: statistischer Fehler der Impulsrate). Zur Sicherheit sollte eine Meßzeit von zweimal t_k eingehalten werden. Die Meßzeit ist somit direkt von der durch Verschleiß bedingten Impulsratenabnahme abhängig.

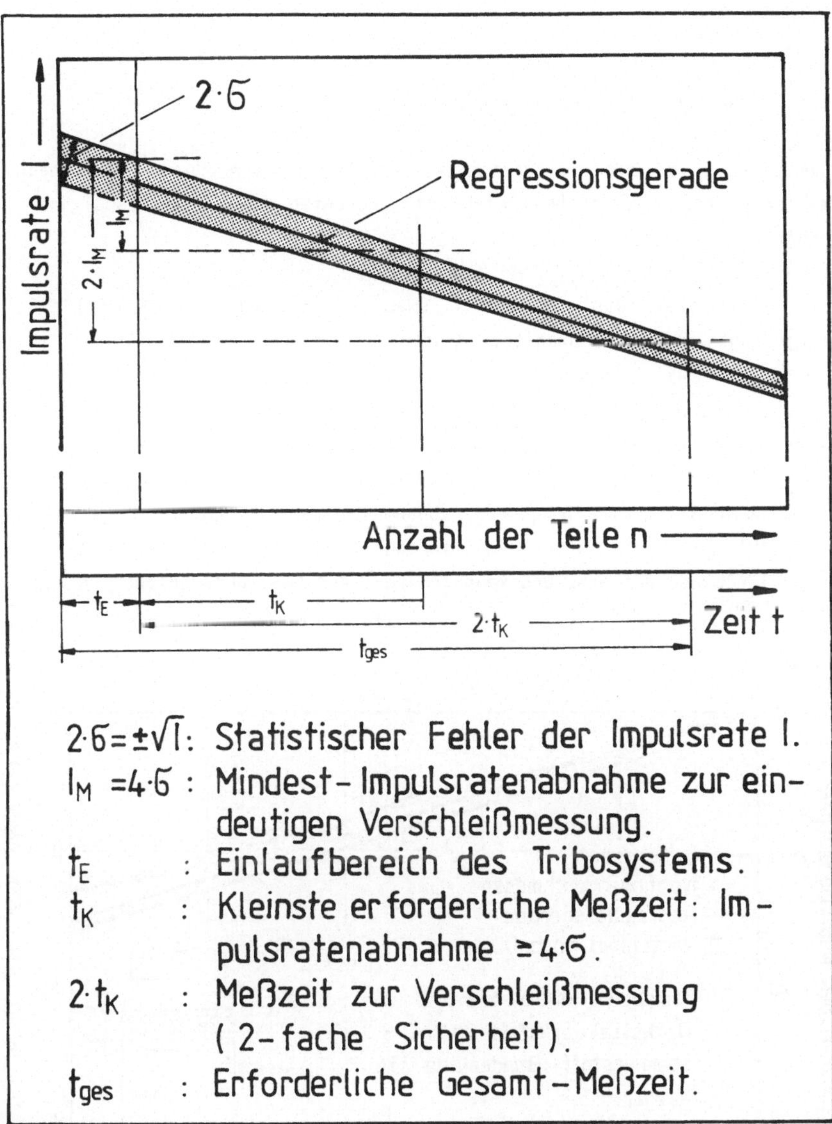

$2\cdot\mathsf{6}=\pm\sqrt{I}$: Statistischer Fehler der Impulsrate I.

$I_M = 4\cdot\mathsf{6}$: Mindest-Impulsratenabnahme zur eindeutigen Verschleißmessung.

t_E : Einlaufbereich des Tribosystems.

t_K : Kleinste erforderliche Meßzeit: Impulsratenabnahme $\geq 4\cdot\mathsf{6}$.

$2\cdot t_K$: Meßzeit zur Verschleißmessung (2-fache Sicherheit).

t_{ges} : Erforderliche Gesamt-Meßzeit.

Bild 28: Auswertung des Verschleißbetrages mit dem DDV.

5.7.6 Nachweis der Reproduzierbarkeit

Die Eignung des DDV zur kontinuierlichen Verschleißprüfung wurde anhand mehrerer Langzeitversuche (Anzahl der gepreßten Näpfe n $\approx$ 10.000) überprüft.

Die Bilder 29 und 30 zeigen exemplarisch den Stempelverschleiß, aufgetragen über der Anzahl der gepreßten Näpfe.

Zum Vergleich ist jeweils auf der linken Ordinate der Maßstab nach der konventionellen Methode und auf der rechten Ordinate der Maßstab nach dem DDV aufgetragen. Die Übereinstimmung der Kurvenverläufe ist sehr gut. Demnach ist die Impulsratenabnahme primär bedingt durch den Werkstoffabtrag und die daraus resultierende Verminderung der dünn aktivierten Fließbundoberfläche und kann als Verschleißmaß herangezogen werden.

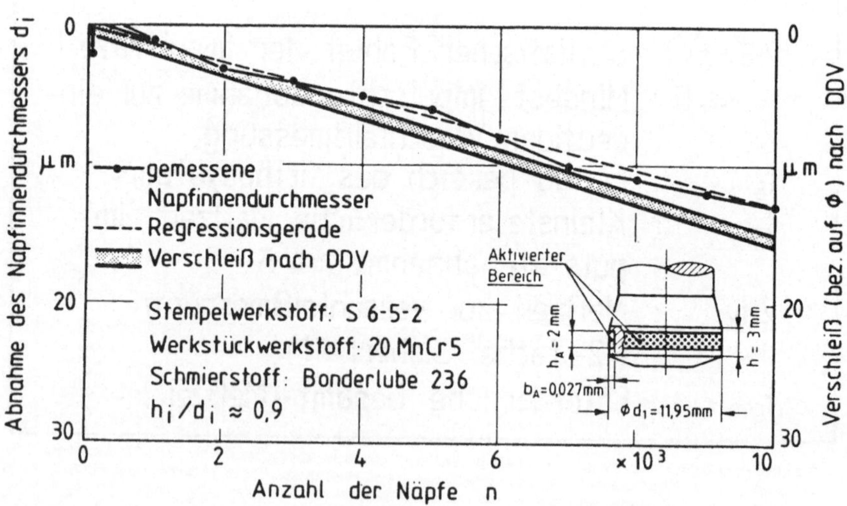

Bild 29 : Vergleich: konventionelle Messung - DDV.

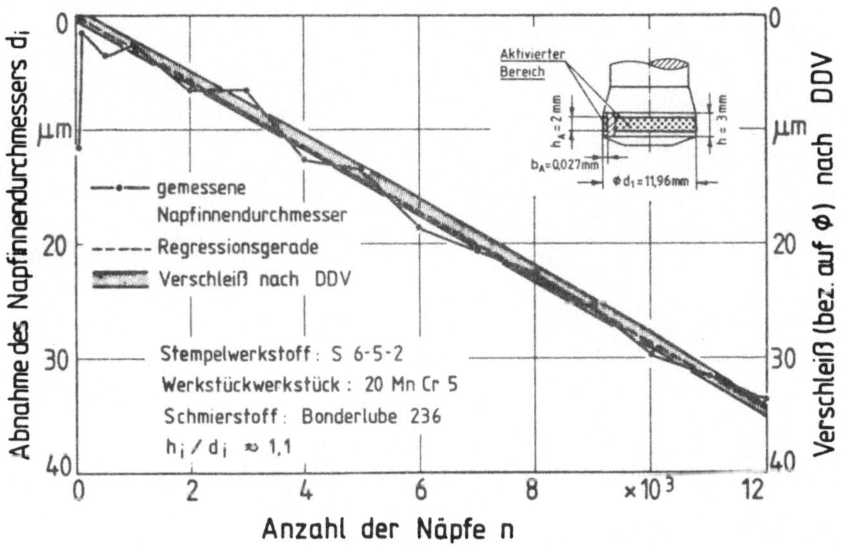

Bild 30: Vergleich: konventionelle Messung - DDV.

Die Teileanzahl für den Kurzzeitversuch läge in diesen Beispielen (gemäß 5.7.5) bei ca. 3.000 zu pressenden Näpfen. Nach dieser Anzahl wäre mit Hilfe des DDV eine verläßliche Aussage über den zu erwartenden Verschleißverlauf möglich, während die konventionellen Messungen noch keine eindeutigen Voraussagen zulassen.

Wie in Kap. 5.1 beschrieben, unterliegen Stauchwerkzeuge überwiegend einer Druck- und Reibungsbeanspruchung und sind dementsprechend auszulegen.

Der Verschleißwiderstand wird wesentlich beeinflußt von den Legierungsanteilen des Werkstoffs; hier wirken sich besonders Chrom, Molybdän, Vanadium und Wolfram positiv gegenüber Verschleiß aus. Desweiteren entscheiden Festigkeits- und Zähigkeitseigenschaften sowie die Härte des Werkzeugwerkstoffs über die Standzeit, die nicht zuletzt auch durch die Geometrie der Stauchbahnoberfläche und durch physikalische und chemische Eigenschaften der Zwischenschichten beeinflußt wird.

Zur Messung der äußerst geringen Verschleißbeträge fand das zentral-mikroprozessor-gesteuerte Universaloberflächenmeß- und -auswertegerät HOMMEL TESTER T 20 S Verwendung, das die Oberflächengestaltabweichung nach dem lastschnittverfahren erfaßt. Für die Messung des Verschleißbetrages wird die ungefilterte Profilwiedergabe verwendet (Bild 31). Die im Oberflächentaster befestigte Diamantspitze wird mit Hilfe eines Linearvorschubgerätes mit einer konstanten Geschwindigkeit von 0,5 mm/s über die zu messende Oberfläche gezogen. Der Meßbereich umfaßt dabei 44 mm.

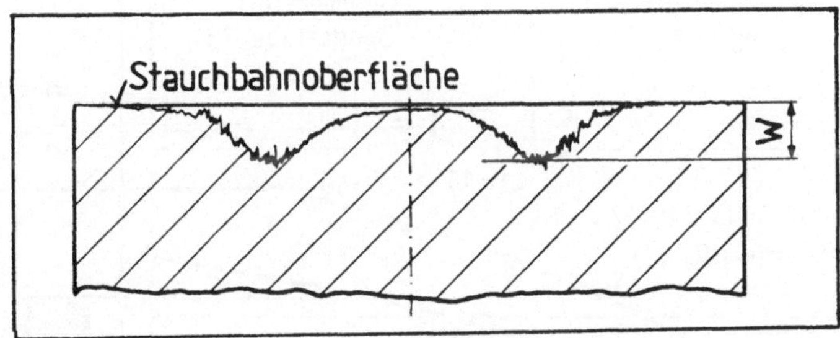

Bild 31: Verschleißprofil einer Stauchbahn mit Verschleißbetrag: W.

Neben den Untersuchungen bei Raumtemperatur wurden auch Versuche im Halbwarmumformbereich durchgeführt. Dabei kam in Stichversuchen das Dünnschicht-Differenzen-Verfahren (DDV) für die Verschleißmessung zur Anwendung.

6.1   Einfluß der Werkzeugwerkstoffe

Die folgenden Werkzeugwerkstoffe wurden ausgewählt (s. auch Kap. 5.2):

- Schnellarbeitsstahl S 6-5-2
- Kaltarbeitsstahl X 155 CrVMo 12 1
- Warmarbeitsstahl X 40 CrMoV 5 1

In Bild 32 ist der Verschleißbetrag W der Stauchbahnwerkstoffe S 6-5-2 und X 155 CrVMo 12 1 in Abhängigkeit von der Stückzahl dargestellt. Es ist deutlich zu erkennen, daß die Stauchbahn aus Kaltarbeitsstahl wesentlich schneller verschleißt als diejenige aus Schnellarbeitsstahl; nach 15.000 gestauchten Teilen ergibt sich beim Schnellarbeitsstahl ein um etwa 35 % niedrigerer Verschleißbetrag, was wegen der gleichen Härte- und Rauheitszustände nur auf den Werkstoff zurückgeführt werden kann. Der Schnellarbeitsstahl verhält sich demnach entsprechend den Angaben in VDI-Richtlinie 3138, wonach Schnellarbeitsstähle bei geeigneter Wärmebehandlung zäher und verschleißbeständiger als die 12%-igen Chromstähle sind. Die etwa doppelt so hohen Werkstoffkosten für Schnellarbeitsstahl gegenüber Kaltarbeitsstahl amortisieren sich bei diesen Verschleißverhältnissen durch die erhöhte Standzeit.

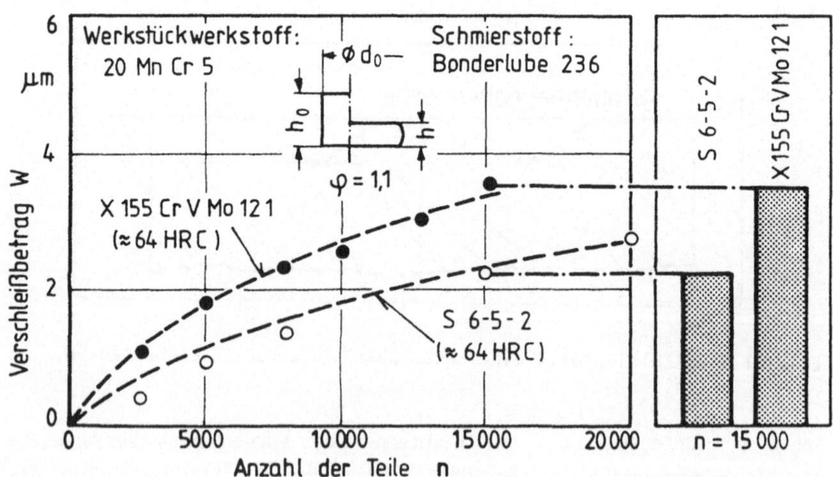

Bild 32: Einfluß der Werkzeugwerkstoffe auf den Verschleißbetrag.

In Bild 33 wird der Schnellarbeitsstahl S 6-5-2 mit dem Warmarbeitsstahl X 40 CrMoV 5 1 verglichen. Nach 15.000 Teilen zeigt sich ein um
ca. 30 % höherer Verschleißbetrag für den Warmarbeitsstahl, der sich im
Chrom-Gehalt wenig vom Schnellarbeitsstahl unterscheidet, aber wesentlich geringere Anteile an Molybdän, Vanadium und Wolfram aufweist. Der
bevorzugte Einsatzbereich des Warmarbeitsstahls liegt naturgemäß bei
erhöhten Temperaturen, da sich dieser Werkstoff durch guten Widerstand
gegen Warmverschleiß sowie hohe Zähigkeit auch bei größeren Querschnit-
ten auszeichnet [73].

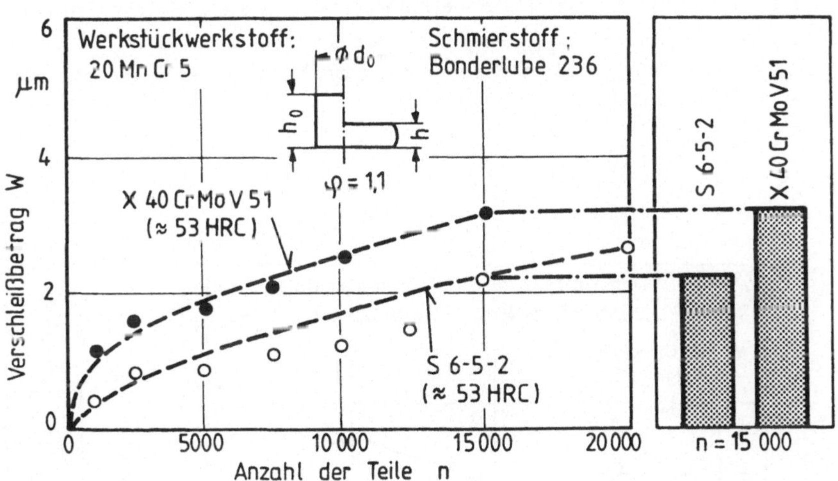

Bild 33: Einfluß der Werkzeugwerkstoffe auf den Verschleißbetrag.

Der Einfluß der Härte des Schnellarbeitsstahls S 6-5-2 (vgl. Bilder 32
und 33) ist sehr gering. Der Grund hierfür könnte darin liegen, daß
die Härte bei den relativ niedrigen Flächenpressungen beim Stauchen,
hier ca. 1000 bis 1200 N/mm^2, in Verbindung mit einem guten Schmierfilm
und hohem Anteil an verschleißfesten Chrom- und Wolfram-Karbiden, einen
untergeordneten Einfluß auf den Werkzeugverschleiß hat.

6.2 Einfluß der Oberflächenrauheit

Mit zunehmender Oberflächenrauheit der Stauchbahnen ist auch eine Zunahme des Verschleißbetrages zu erwarten, denn bei größerer Rauheit nimmt die Anzahl der Traganteile ab. Zudem könnten die Schubbeanspruchungen auf der Stauchbahnoberfläche während des Umformvorgangs zum Knicken oder Brechen der Rauheitsspitzen führen.

Die Abhängigkeit des Verschleißbetrages von der Rauheit ist in Bild 34 aufgetragen. Die extrem rauhe Oberfläche (R_{ZDIN} parallel zur Schleifrichtung: 13 μm und R_{ZDIN} senkrecht zur Schleifrichtung: 24 μm) hatte sich nach 20.000 gepreßten Näpfen etwa doppelt so schnell abgenutzt wie die glatt geschliffene.

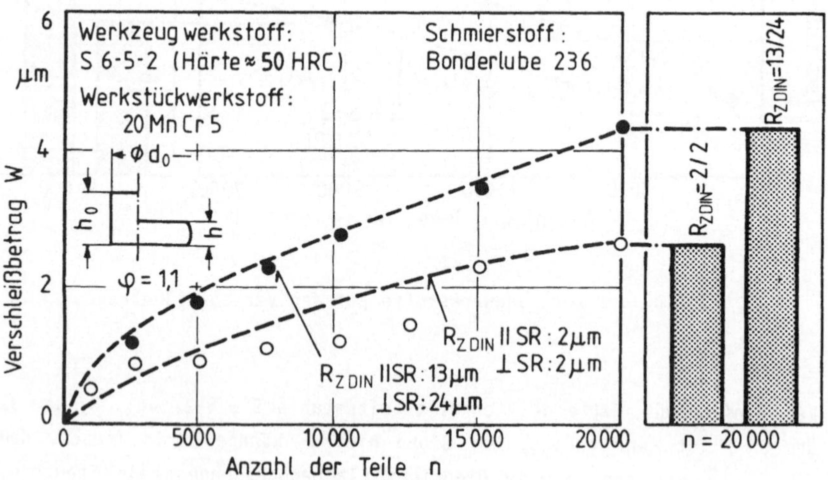

Bild 34: Einfluß der Oberflächenrauheit auf den Verschleißbetrag.

6.3   Einfluß der Werkstückwerkstoffe

Gegenüber dem Einsatzstahl 20 MnCr 5 hat der Vergütungsstahl 41 Cr 4 eine geringfügig höhere Fließspannung. Die resultierenden leicht erhöhten Druckspannungen bei der Umformung wirkten sich nur unwesentlich auf den Verschleiß aus, vgl. Bild 35. Bis zu einer Stückzahl von ca. 10.000 gestauchten Teilen liegt der Verschleißbetrag für den Vergütungsstahl leicht über dem des Einsatzstahls, doch gleichen sich die Kurven bis zur Stückzahl von 20.000 aneinander an und weisen keine Unterschiede mehr auf.

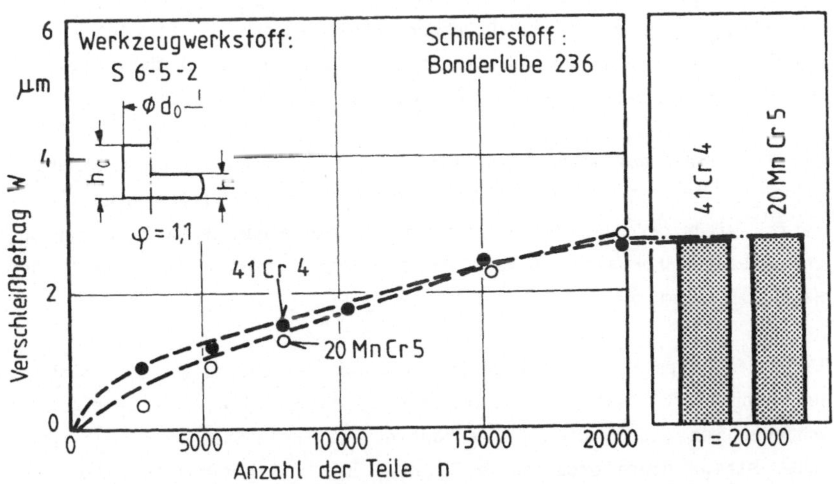

Bild 35: Einfluß der Werkstückwerkstoffe auf den Verschleißbetrag.

6.4   Einfluß der Umformtemperatur

Das Verschleißprofil bei der Halbwarmumformung ist bereits nach 3.000 gestauchten Teilen im Vergleich zu dem Verschleißprofil bei der Kaltumformung nach 20.000 Teilen wesentlich stärker ausgeprägt (Bilder 36 und 37).

Ebenso wie bei der Kaltumformung kann auch beim Halbwarmstauchen ein Mischreibungszustand angenommen werden, der allerdings wegen unterschiedlicher Schmierstoffe und -bedingungen nicht verglichen werden kann.

In der Stauchbahnmitte ist ein geringer Verschleiß nachweisbar, der aufgrund des kleinen Streubereichs beim Aufsetzen der gescherten und daher nicht immer planparallelen Rohteile durch geringe Relativgeschwindigkeiten zwischen Werkstück und Werkzeug hervorgerufen wird. Ausgehend von der Stauchbahnmitte steigt mit zunehmender Relativgeschwindigkeit der Stauchbahnverschleiß an und erreicht schließlich innerhalb des Rohteilausgangsdurchmessers sein Maximum, das sich in Abhängigkeit von Relativgeschwindigkeit und Druckberührzeit einstellt. Die Abnahme des Verschleißes im Randbereich der Stauchbahnen kann durch die abnehmende Normalspannung und die geringere Berührzeit erklärt werden.

Dem Kaltfließpressen von Stahl sind durch das Formänderungsvermögen des Werkstückwerkstoffs und die Belastbarkeit der Werkzeuge Grenzen gesetzt. Niedrigere Umformkräfte als Folge der niedrigeren Fließspannung und erhöhtes Formänderungsvermögen sind die wesentlichen Vorteile der Halbwarmumformung.

Der Einfluß der Werkstücktemperatur auf den Verschleiß von Stauchbahnen aus Schnellarbeitsstahl ist in Bild 36 dargestellt. Die Temperaturerhöhung von 600°C auf 700°C erhöht den Verschleißbetrag um gut 20 %, dabei steigt diese prozentuale Zunahme über die gefertigte Anzahl von 4.500 Teilen nur schwach an, während sich im Fall des Warmarbeitsstahls (Bild 37) das Verhältnis der Verschleißbeträge von 600°C zu 700°C mit zunehmender Stückzahl wesentlich stärker erhöht. Eine Verschleißzunahme mit steigender Temperatur beobachtete auch Weiergräber [2] in ähnlichen Untersuchungen. Dabei stellte er einen großen Unterschied in der Änderung des Verschleißbetrags zwischen 550°C und 650°C fest und geringere Differenzen zwischen 650°C und 750°C.

Der stärkere Werkzeugverschleiß bei höheren Temperaturen ist mit der zunehmenden thermischen Belastung der Werkzeuge bei gleichzeitig abnehmenden Umformkräften zu erklären. Die sich einstellenden stationären

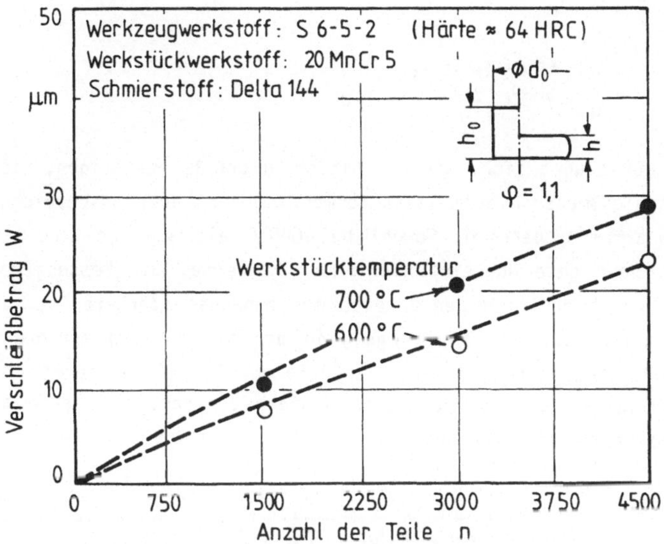

Bild 36: Einfluß der Umformtemperatur auf den Verschleißbetrag.

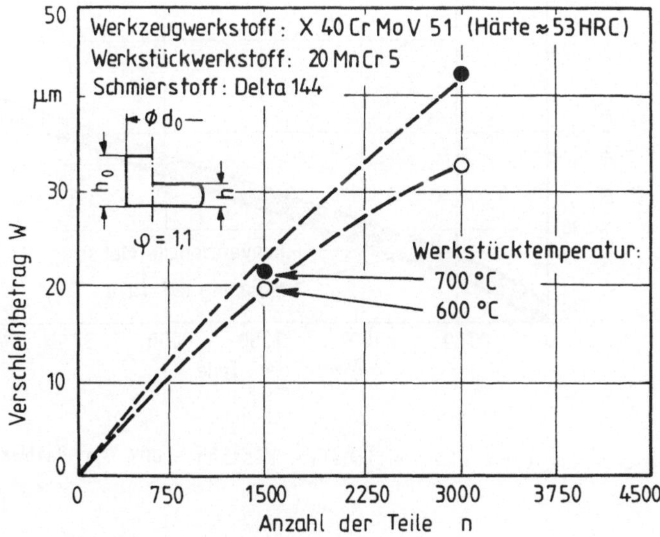

Bild 37: Einfluß der Umformtemperatur auf den Verschleißbetrag.

Stauchbahntemperaturen T_S betrugen für die jeweilige Rohteiltemperatur T_R:

$$T_R = 600^{o}C \qquad T_S = 180^{o}C$$
$$T_R = 700^{o}C \qquad T_S = 210^{o}C.$$

Das DDV eignet sich, wie die Bilder 38 und 39 bestätigen, nicht nur zur Verschleißmessung beim Kaltumformen, sondern auch ausgezeichnet für den Halbwarmumformbereich. Sowohl bei $600^{o}C$ als auch bei $700^{o}C$ zeigt sich eine sehr gute Übereinstimmung der Meßwerte. Die Messung mit dem DDV beschreibt deutlich den Bereich des zunächst stärkeren Verschleißes im Einlaufgebiet und den Übergang in den bis zur untersuchten Stückzahl 4.500 nahezu linearen Verschleißbereich. Der Einlaufbereich scheint bei niedrigeren Umformtemperaturen weniger ausgeprägt zu sein als bei höheren Rohteiltemperaturen.

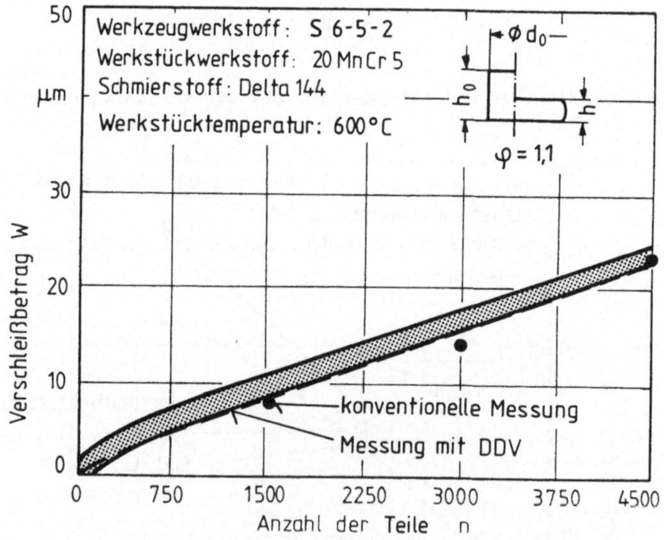

Bild 38: Vergleich: konventionelle Messung - DDV im Halbwarmumformbereich.

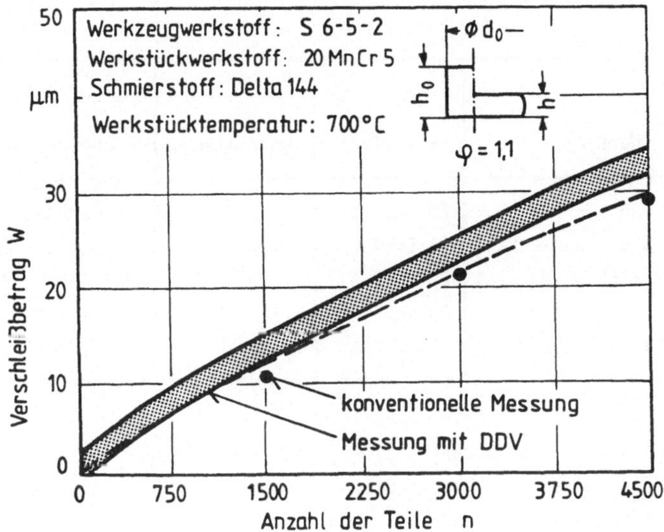

Bild 39: Vergleich: konventionelle Messung - DDV im Halbwarmumformbereich.

6.5 Beurteilung der Verschleißmechanismen

Die Stauchbahnoberflächen wurden am Max-Planck-Institut für Metallforschung, Institut für Werkstoffwissenschaften, Stuttgart, im Hinblick
auf die wirkenden Verschleißmechanismen untersucht. Bei den Ergebnissen
bleibt zu berücksichtigen, daß zwar ein Mechanismus dominiert, daß die
anderen Verschleißmechanismen aber nicht völlig wirkungslos sind [21,
74].

Untersucht wurden die in Bild 40 dargestellten Stauchbahnen mit den
folgenden Werkzeug - Werkstück - Kombinationen (Tabelle 11):

Tabelle 11: Untersuchte Werkzeug - Werkstück - Kombinationen

Lfd.Nr.	Werkzeug	Werkstück	Umformtemp.	Schmierstoff
1	S 6 - 5 - 2	20 MnCr 5	20 ^{o}C	Bonderlube 236
2	S 6 - 5 - 2	41 Cr 4	20 ^{o}C	Bonderlube 236
3	X 155 CrVMo 12 1	20 MnCr 5	20 ^{o}C	Bonderlube 236
4	S 6 - 5 - 2	20 MnCr 5	700 ^{o}C	Delta 144
5	X 40 CrMoV 5 1	20 MnCr 5	700 ^{o}C	Delta 144

Sowohl bei der Kaltumformung als auch bei höheren Temperaturen finden hauptsächlich Adhäsions- und Abrasivverschleißvorgänge statt. In der Stauchbahnmitte ist kein oder nur sehr geringer Verschleiß nachweisbar. Von dort, radial nach außen, tritt eine Auskolkung der Oberflächen auf, hervorgerufen durch den nach außen abfließenden Werkstückwerkstoff. Bei höheren Temperaturen ändert sich nur der Betrag des Verschleißes, nicht aber der Mechanismus. Bild 41 zeigt beispielhaft den Verschleißmechanismus.

Diese Beobachtungen bestätigen die Ergebnisse von Thomas[7], der den Verschleiß beim Gesenkschmieden mit Hilfe ebener Stauchbahnen simulierte. Das Verschleißprofil äußerte sich ebenfalls in der Form, daß eine unverschlissene Zone in der Stauchbahnmitte umgeben ist von der verschlissenen V-förmigen, konzentrischen Ringfläche. Der in der Stauchbahnmitte aufgrund hoher Temperaturen und Spannungen erwartete Adhäsivverschleiß wurde nicht beobachtet. Das völlige Ausbleiben von Verschleiß im Stauchbahnzentrum belegt, daß vorwiegend Abrasivverschleiß auftritt. Auch Rooks [75] erhielt in seiner Arbeit über den Verschleiß an ebenen stauchbahnähnlichen Versuchswerkzeugen nur abrasive Verschleißerscheinungen.

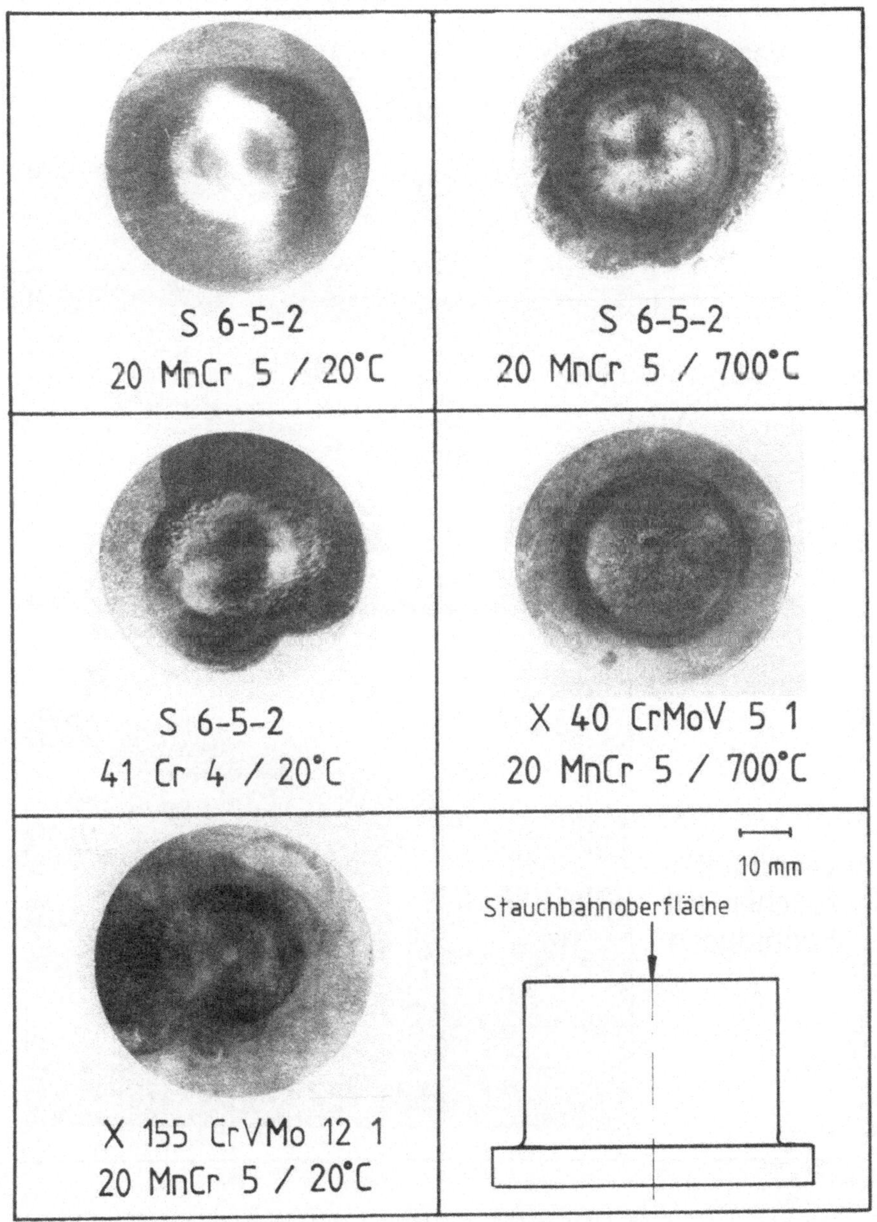

Bild 40: Untersuchte Werkzeug-Werkstück-Kombinationen.

Bild 41 : Oberflächenveränderung   auf   der   Stauchbahnoberfläche
(X 40 CrMoV 5 1 / 20 MnCr 5 / 700°C).

6.6 Theoretische Verschleißermittlung

Neben experimentellen Verschleißmeßverfahren treten in jüngster Zeit einige Verfahren der rechnerunterstützten Verschleißermittlung hervor [76 bis 79]. Dabei stand zunächst die Suche nach Berechnungsmöglichkeiten zur Auslegung der besonders starkem Verschleiß ausgesetzten Gesenkschmiedewerkzeuge im Vordergrund.

6.6.1 Berechnungsmöglichkeiten

Renaudin u.a.[76 bis 78] erarbeiteten ein Rechenprogramm zur Erfassung des Abrasivverschleißes von Schmiedegesenken, das zur Ermittlung des lokalen Verschleißbetrages den folgenden Ansatz verwendet:
(Holm - Archard'sches Gesetz)

$$VB\,(t) \;=\; \int_0^{t_W} k\; \frac{\sigma_n\; |v_t|}{HV^m}\; dt$$

mit

t_W = Einwirkzeit

k = werkstoff- und schmierstoffabhängige Konstante

σ_n = Drucknormalspannung

v_t = Gleitgeschwindigkeit

HV = Vickershärte des Werkstoffs

m = werkstoffabhängiger Exponent ($m \approx 2$ für Stahl).

Das Programm setzt sich aus vier Rechenmoduln zusammen, wobei jeder Modul zur Ermittlung bestimmter Parameter dient:

1. Modul: Plastisches Fließen
   Er berechnet die Normalspannung σ_n und die Gleitgeschwindigkeit v_t.

2. Modul: Thermische Änderungen
   Dieser Modul berücksichtigt die Gesenktemperatur, die Temperaturwechsel und die Maximaltemperatur des Schmiedestücks.

3. Modul: Metallurgie und Gesenkoberfläche

   Er befaßt sich mit der möglichen Härteänderung in Abhängigkeit von der Wärme- und Oberflächenbehandlung der Werkzeuge.

4. Modul: Oberflächenschicht des Werkstücks

   Hier wird unter Berücksichtigung des Schmierfilms, der Zunder-
   schicht und der sich ausbildenden Grenzschicht die Konstante
   k bestimmt.

Die modulare Bauweise des Rechenprogramms soll es erlauben, durch
Ändern und Verbessern einzelner Komponenten die Genauigkeit der Ergebnisse zu erhöhen. Außerdem kann durch manuelle Eingabe eines außer-
halb des Programmes berechneten oder experimentell ermittelten Wertes
ein Modul "umgangen" werden, wenn bestimmte Programmdaten und -voraus-
setzungen nicht eingehalten werden können.

Den gleichen Ansatz wie Renaudin verwendeten König u.a. [79] zur
Ermittlung des lokalen Verschleißbetrages beim Stauchen und Schmieden.

6.6.2   Beurteilung der Berechnungsverfahren

Die nach den theoretischen Verschleißermittlungsprogrammen errechneten
Ergebnisse [79] zeigen auf den ersten Blick eine qualitative Übereinstimmung mit den experimentell bestimmten Verschleißprofilen. Die berechneten Verschleißlagen für den Umformvorgang Stauchen zwischen
ebenen Bahnen bei Raumtemperatur und im Halbwarmumformbereich sind
dargestellt in den Bildern 42 und 43. Wie aus den experimentellen
Untersuchungen bekannt war, weist auch das berechnete Profil deutlich
unterschiedliche Verschleißlagen und -maxima für die Kalt- und Halbwarmumformung auf.

Genaue quantitative Angaben über die Verschleißlage und -maxima in
Abhängigkeit von Werkzeug- und Werkstückwerkstoff, Oberflächenbeschaffenheit, Härte, Schmierstoff usw. waren allerdings bisher noch nicht in
exakter und ausreichender Form vorhanden. So unterstreichen auch
Renaudin u.a.[76,77,78], daß versucht werden muß, mit wachsender Er-
fahrung und zunehmendem Erkenntnisstand, das vorgestellte Programm zu
ergänzen und auszubauen.

Bei der Vielzahl der den Verschleiß beeinflussenden Parameter müssen zunächst durch systematische Untersuchungen die Einflußparameter herausgearbeitet und in ihren Auswirkungen auf den Verschleiß bewertet und gewichtet werden.

Auf Grundlage des in Kap. 6.5.1 vorgeschlagenen Rechenansatzes könnten mit Kenntnis und Klassifizierung der ermittelten und bewerteten werkstoffspezifischen Informationen und mit Hilfe berechneter Geschwindigkeits- und Spannungsverteilungen Aussagen über den zu erwartenden Werkzeugverschleiß möglich werden. Es darf allerdings nicht außer acht gelassen werden, daß die hier betrachteten Berechnungsverfahren ausschließlich den Mechanismus des Abrasivverschleißes berücksichtigen und nicht den - in diesem Fall in der Tat geringen - Adhäsionsverschleiß und die Oberflächenzerrüttung.

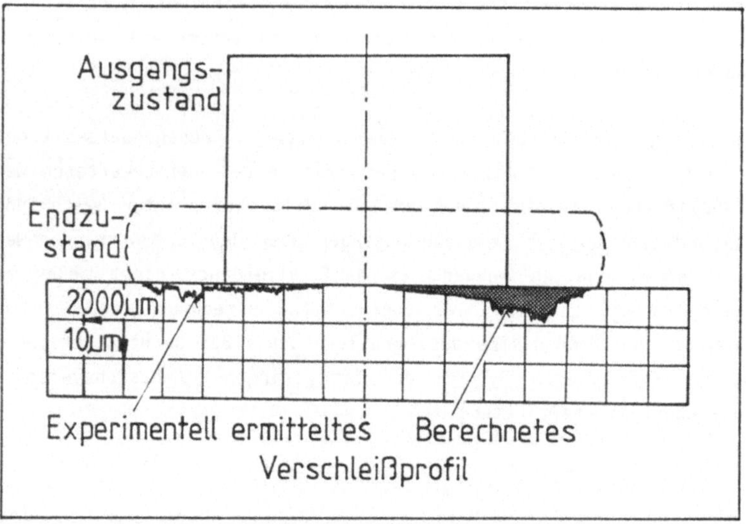

Bild 42 : Berechnetes und experimentell ermitteltes Verschleißprofil bei Raumtemperatur [79].

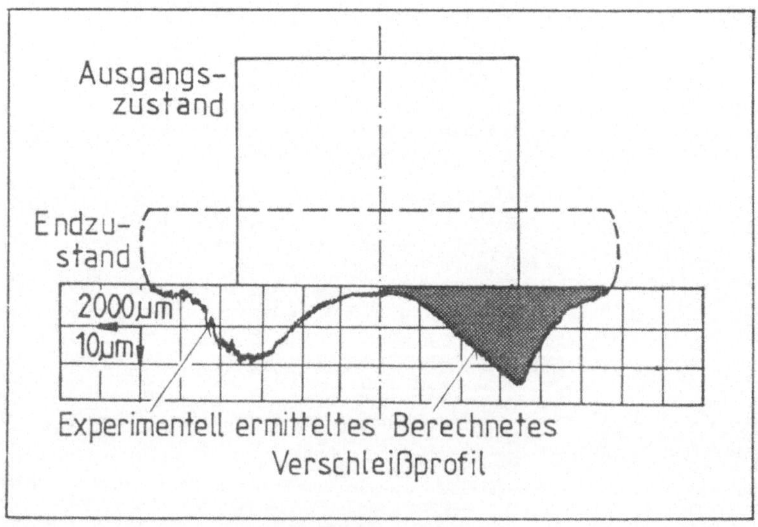

Bild 43 : Berechnetes und experimentell ermitteltes Verschleißprofil im Halbwarmumformbereich [79].

Aufgrund hoher Flächenpressung, Relativgeschwindigkeit und Oberflächenvergrößerung ist der Fließpreßstempel beim Napf-Rückwärts-Fließpressen
das höchstbelastete Werkzeugteil. Durch eine gezielte Auswahl der Werk-
zeug- und Werkstückwerkstoffe und der Schmierstoffe, aber auch durch
andere Parameter, kann das Verschleißverhalten beeinflußt werden. Die
Untersuchungen beschränkten sich im wesentlichen auf die drei zuerst
genannten Einflußgrößen.

Die Verschleißmessung erfolgte mit dem schon beschriebenen Dünnschicht-
Differenzen-Meßverfahren.

7.1   Einfluß der Werkzeugwerkstoffe

7.1.1   Verschleiß der Fließpreßstempel

Als Werkzeugwerkstoffe kamen die in Kap. 5.2 bereits näher beschriebenen Stähle zum Einsatz:

- Schnellarbeitsstahl S 6-5-2
- Kaltarbeitsstahl X 155 CrVMo 12 1
- Hartmetall G 15

Der Einfluß der Stempelwerkstoffe auf den Verschleißbetrag, aufgetragen
über der Anzahl der gepreßten Näpfe, ist in Bild 44 dargestellt.
Werkstückwerkstoff war der Einsatzstahl 20 MnCr 5, als Schmierstoff
diente die Seife Bonderlube 236 auf einer Zinkphosphatschicht.

Den geringsten Verschleiß weist der teure Hartmetallstempel (dreimal
teurer als S 6-5-2) auf. Etwa 40 % größer ist der Verschleißbetrag des
Schnellarbeitsstahls S 6-5-2; um weitere 20 % größer ist erwartungsge-
mäß der Verschleiß beim Kaltarbeitsstahl.

Der Hartmetallstempel bietet den größten Verschleißwiderstand gegen
Abrasions- und Adhäsionsverschleiß gegenüber dem hier untersuchten Werk-

stückwerkstoff. Zu berücksichtigen bleibt jedoch die größere Sprödigkeit, und damit Empfindlichkeit gegen Stöße, Schläge, Schwingungen und auftretende Biegemomente sowie der wesentlich höhere Preis.

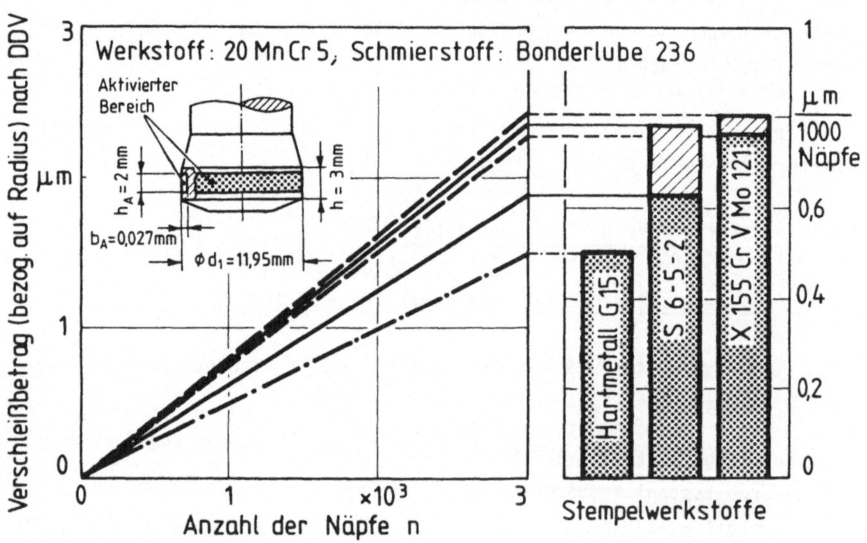

Bild 44: Einfluß der Werkzeugwerkstoffe auf den Verschleißbetrag.

7.1.2 Messung der Oberflächenrauheit

Zur Beurteilung des Verschleißverhaltens der unterschiedlichen Werkzeugwerkstoffe erfolgte eine Erfassung der in DIN 4762/4768 definierten gemittelten Rauhtiefe R_{ZDIN} (Bild 45), sowie eine qualitative Beurteilung mit Hilfe von REM-Aufnahmen (s. Kap. 7.1.3).

Die meßtechnische Erfassung der Oberflächenbeschaffenheit der Fließbund- und Napfinnen-Oberfläche wurde mit Hilfe eines mikroprozessorgesteuerten Meß- und Auswertegeräts vom Type HOMMEL TESTER T 20 S, das nach dem Tastschnittverfahren arbeitet, realisiert.

Die Anwendung statistischer Methoden zur Beschreibung des Oberflächenkollektivs wurde durch ein im Meßgerät implementiertes Statistikprogramm vereinfacht, das eine schnelle Verarbeitung der Einzelelemente zu Kollektivgrößen wie Mittelwert, Standardabweichung und Streuung ermöglichte.

Die folgenden Daten waren im Meßgerät fest programmiert:

- Taststrecke $\quad l_t$ = 4,8 mm
- Tastgeschwindigkeit v_t = 0,5 mm/s
- Grenzwellenlänge $\quad \lambda_c$ = 0,8 mm

Die Messungen wurden in tangentialer Richtung am Stempelfließbund vorgenommen.

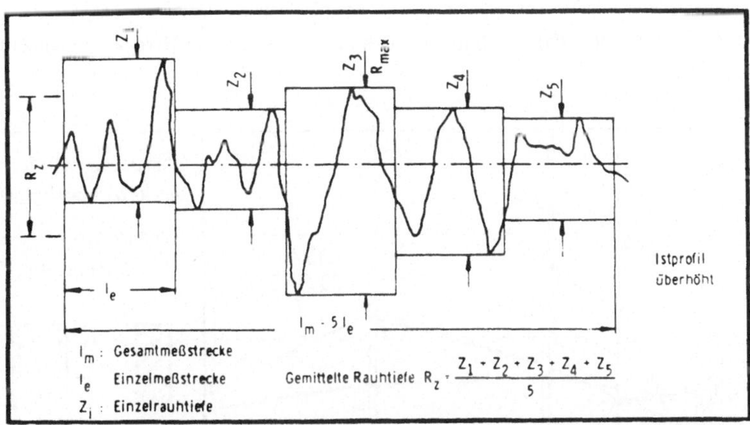

Bild 45: Ermittlung der gemittelten Rauhtiefe R_{zDIN} aus dem Rauheitsprofil.

Die Änderung der Oberflächenbeschaffenheit für die untersuchten Stempelwerkstoffe wies keine einheitliche Tendenz auf. Während sich die Rauheit nach der Umformung für den Schnellarbeitsstahl nach 15.000 Teilen verzehnfachte, wurden Veränderungen dieser Größenordnung für den Kaltarbeitsstahl bereits nach 5.000 Teilen gemessen; dagegen wies der Hartmetallwerkstoff G 15 nach 15.000 gepreßten Näpfen noch keine meßbaren Oberflächenveränderungen auf.

Neben der Maßhaltigkeit ist die Oberflächenbeschaffenheit des Fertig-
teils ein wichtiges Kriterium für dessen Qualität. Mit zunehmender
Stückzahl und zunehmendem Verschleiß wird auch eine Zunahme der Oberflächenrauheit der Napfinnenwände erwartet.

Zur Messung wurden jeweils drei Näpfe aus der laufenden Fertigung
entnommen und an acht unterschiedlichen Stellen im Napfinneren in
tangentialer Richtung abgetastet. Dem Bild 46 ist zu entnehmen, daß
eine Zunahme der Rauheit bis zur gefertigten Stückzahl von max. 15.000
Näpfen nicht nachweisbar ist, möglicherweise bedingt durch Einebnungs-
vorgänge beim Stempelrückhub. Unter Berücksichtigung der Streubereiche
- Angabe der Minimal- und Maximalwerte - bleibt die gemittelte Rauhtiefe bei Verarbeitung des Einsatzstahls 20 MnCr 5 für alle Werkzeug-
stähle nahezu unverändert, während der Vergütungsstahl 41 Cr 4 eine
leichte Rauheitszunahme vermuten läßt. Die sich nicht meßbar auf-
rauhende Oberfläche des Hartmetallstempels wirkt sich positiv, ersicht-
lich durch die bei diesen Näpfen gemessenen relativ kleinen Streubandbe-
reiche, aus.

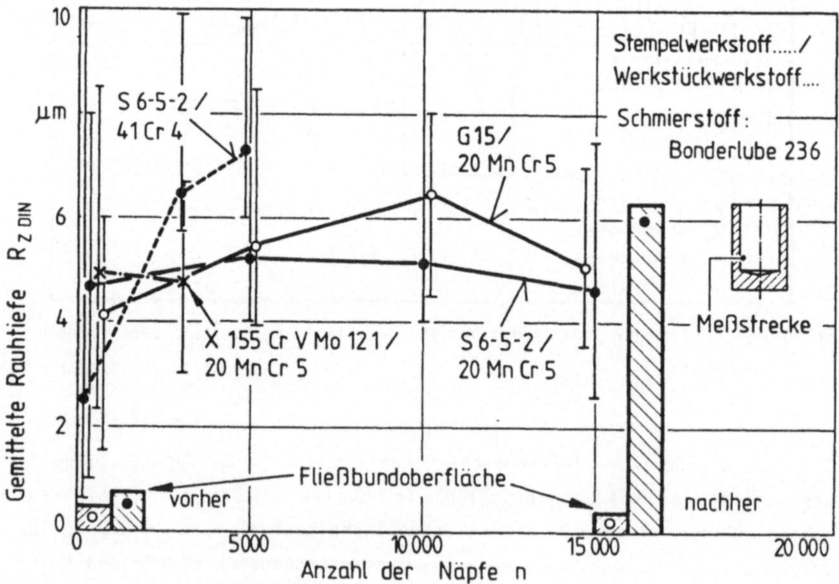

Bild 46: Oberflächenkennwerte in Abhängigkeit von der gefertigten Anzahl der Näpfe.

7.1.3 Beurteilung der Verschleißmechanismen

Zur Beurteilung des Werkzeugverschleißes sind neben den quantitativen Versuchsauswertungen auch qualitative Aussagen über den Verschleißmechanismus notwendig, die mit Hilfe von REM-Aufnahmen gewonnen werden können.

In Bild 47 ist der Fließbund eines Schnellarbeitsstahlstempels im Ausgangs- und im Zustand nach 15.000 gepreßten Näpfen dargestellt. Die zunächst tangential verlaufenden Bearbeitungmarken durch Schleifen und Polieren werden ersetzt durch axiale Verschleißriefen. Die vergrößerten Aufnahmen des verschlissenen Werkzeugbereichs (Bild 47) verdeutlichen die in Axialrichtung zeilig angeordneten Karbide (M_3C-Karbid) und die durch Verschleiß ausgewaschene Grundmatrix. Die vorherrschenden Verschleißmechanismen sind Adhäsions- und Abrasionsverschleiß (vgl. Kap. 4.2.2).

Für den Kaltarbeitsstahl trifft ähnliches zu: beim Fließpressen von 20 MnCr 5 treten hauptsächlich Adhäsions- und Abrasionsverschleiß auf, wie in Bild 48 gezeigt wird. Auch in diesem Fall setzen die Karbide (M_7C_3) dem Gegenwerkstoff einen größeren Widerstand gegenüber als die Grundmatrix, die deutlich ausgefurcht wurde.

Die Fließbundoberfläche des Hartmetallstempels erfährt nach Stückzahlen von 15.000 gepreßten Näpfen nur eine geringe Oberflächenveränderung, wie bereits in Kap. 7.1.2 beschrieben. Selbst bei sehr hoher Vergrößerung (Bild 50) sind gegenüber der Ausgangsoberfläche, die ein sehr feines, gleichmäßiges Gefüge aufweist, nach 15.000 gefertigten Teilen nur schwache Verschleißspuren auf der Fließbundoberfläche zu erkennen. Im Vergleich zu den oben beschriebenen Stempeln (Schnell- und Kaltarbeitsstahl) zeigt Bild 51 in entsprechenden Vergrößerungen die vergleichbar geringen Verschleißspuren auf dem Hartmetallstempel G 15.

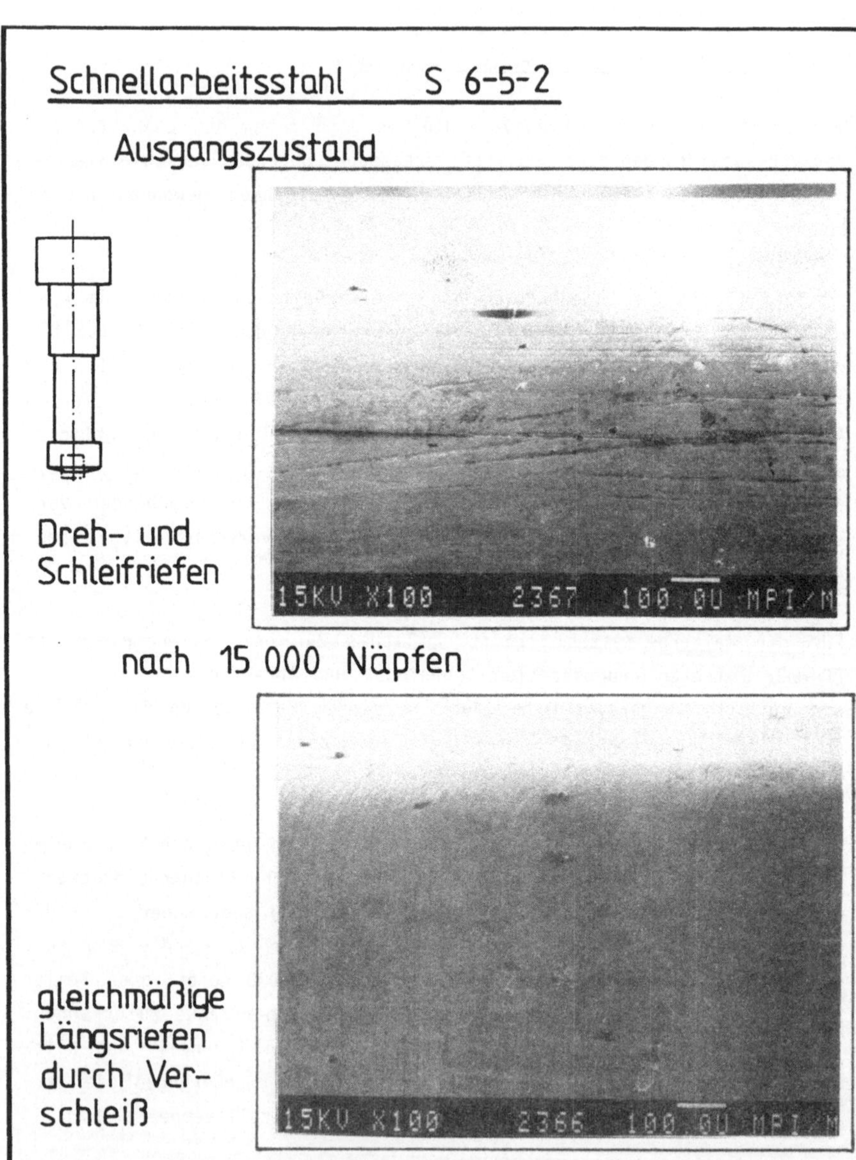

Bild 47: Oberflächenveränderungen am Stempelfließbund (S 6-5-2 / 20 MnCr 5 / Raumtemp. / ε_A = 0,71).

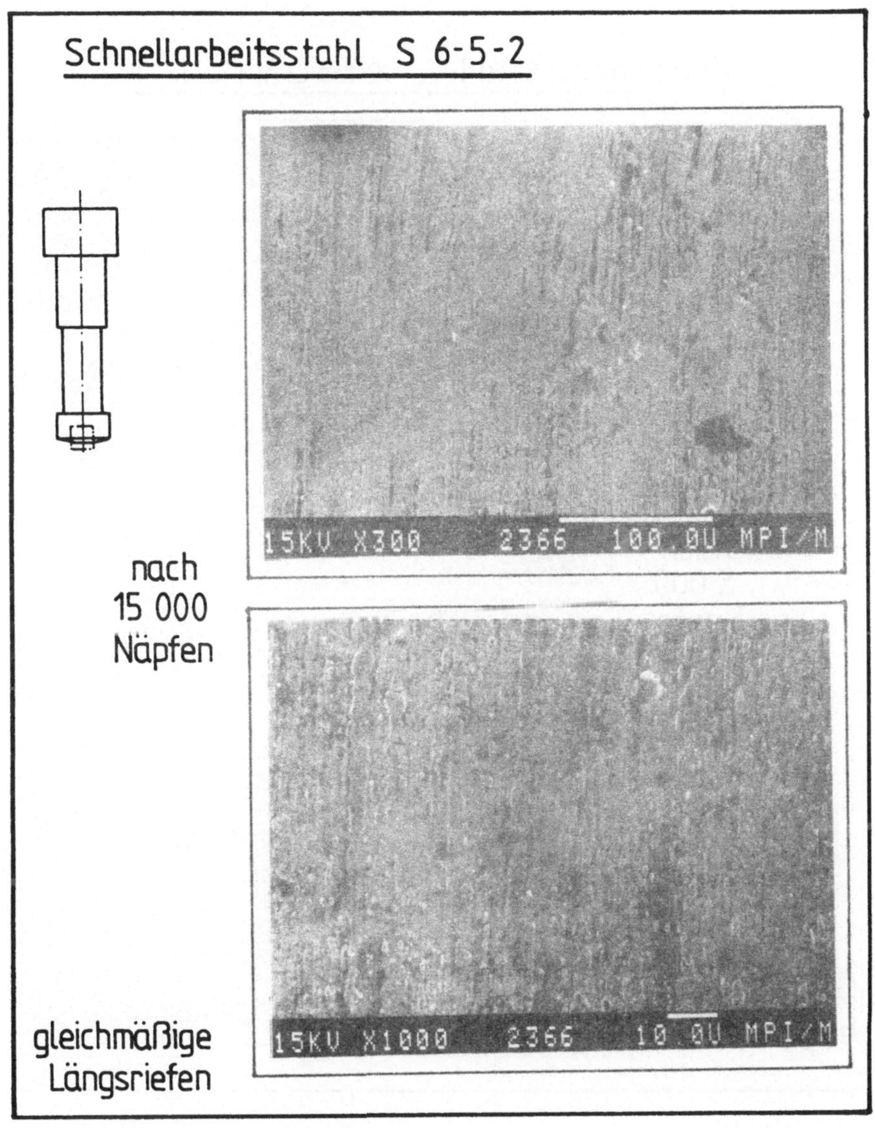

Bild 48: Oberflächenveränderungen am Stempelfließbund (S 6-5-2 / 20 MnCr 5 / Raumtemp. / ε_A = 0,71).

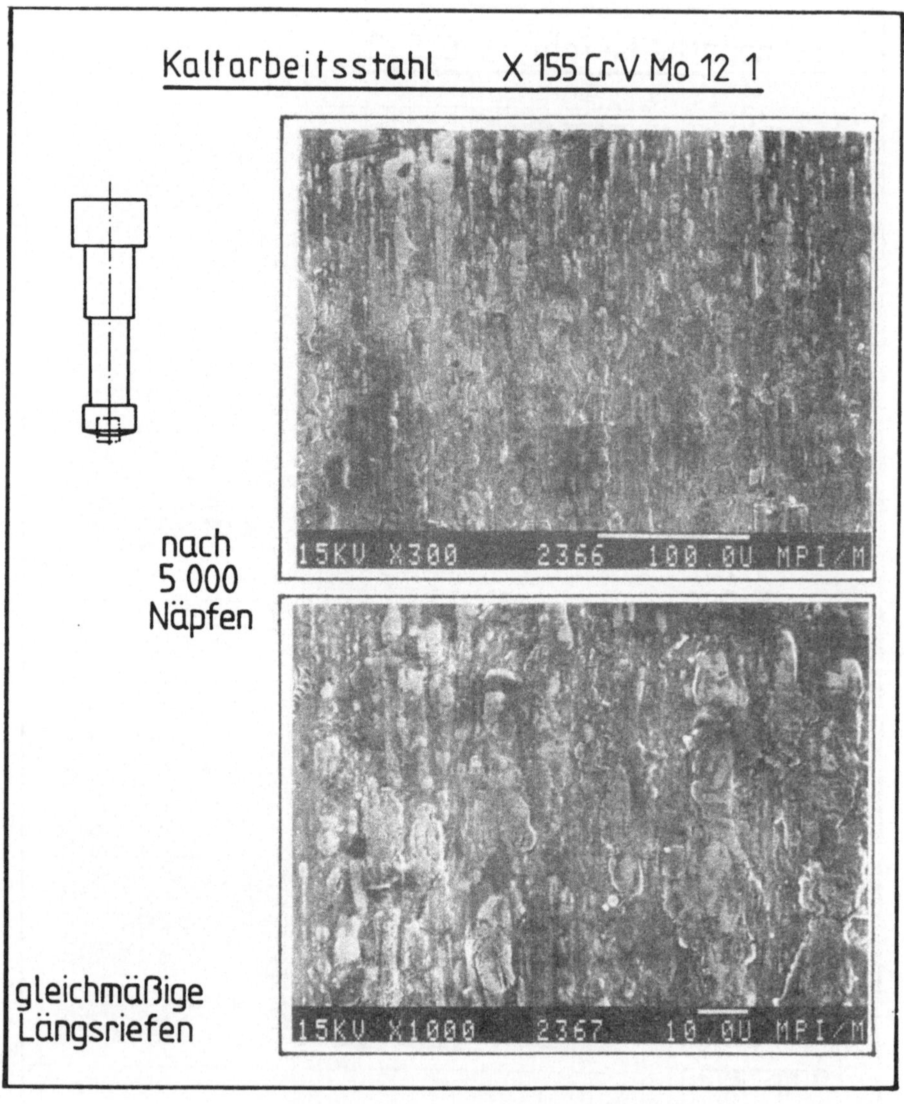

Bild 49 : Oberflächenveränderung am Stempelfließbund (X 155 CrVMo 12 1/
20 MnCr 5 / Raumtemp. / ε_A = 0,71).

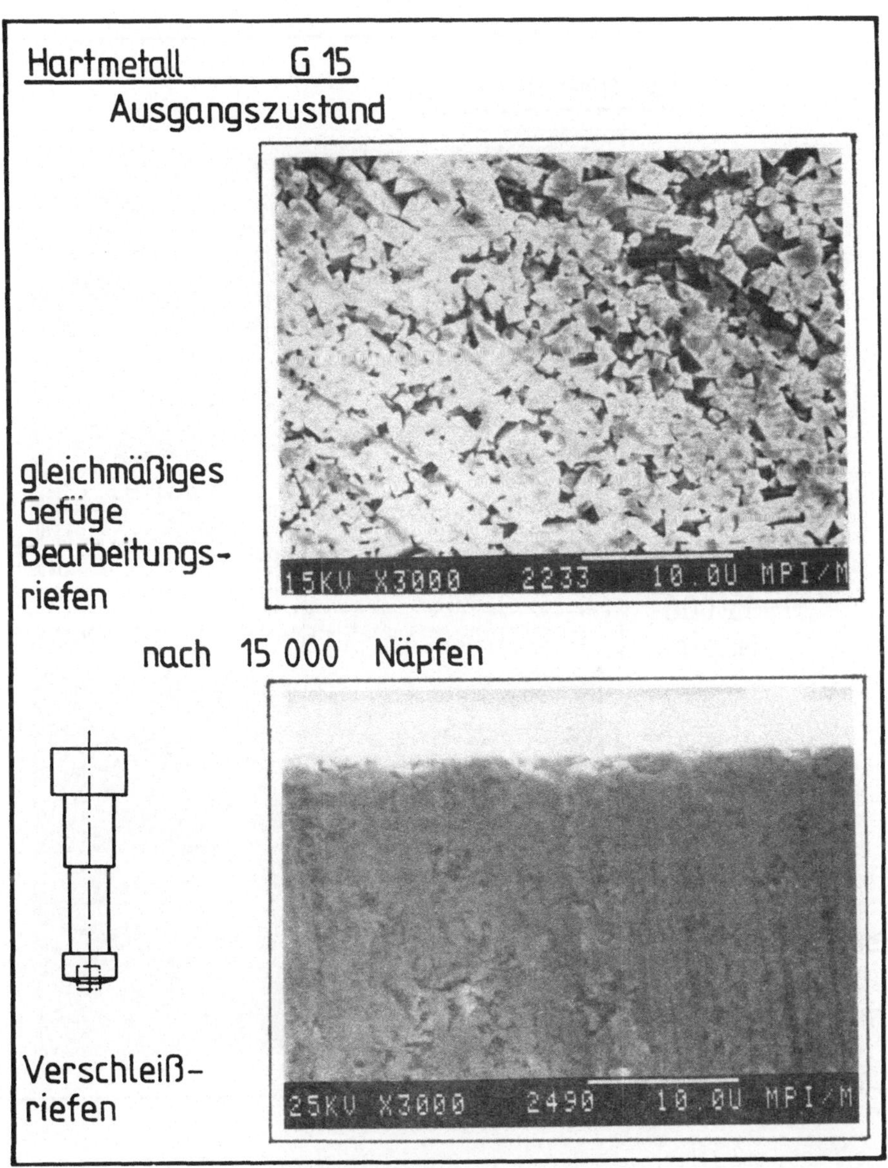

Bild 50 : Oberflächenveränderung am Stempelfließbund (G 15 / 20 MnCr 5/ Raumtemp. / ε_A = 0,71).

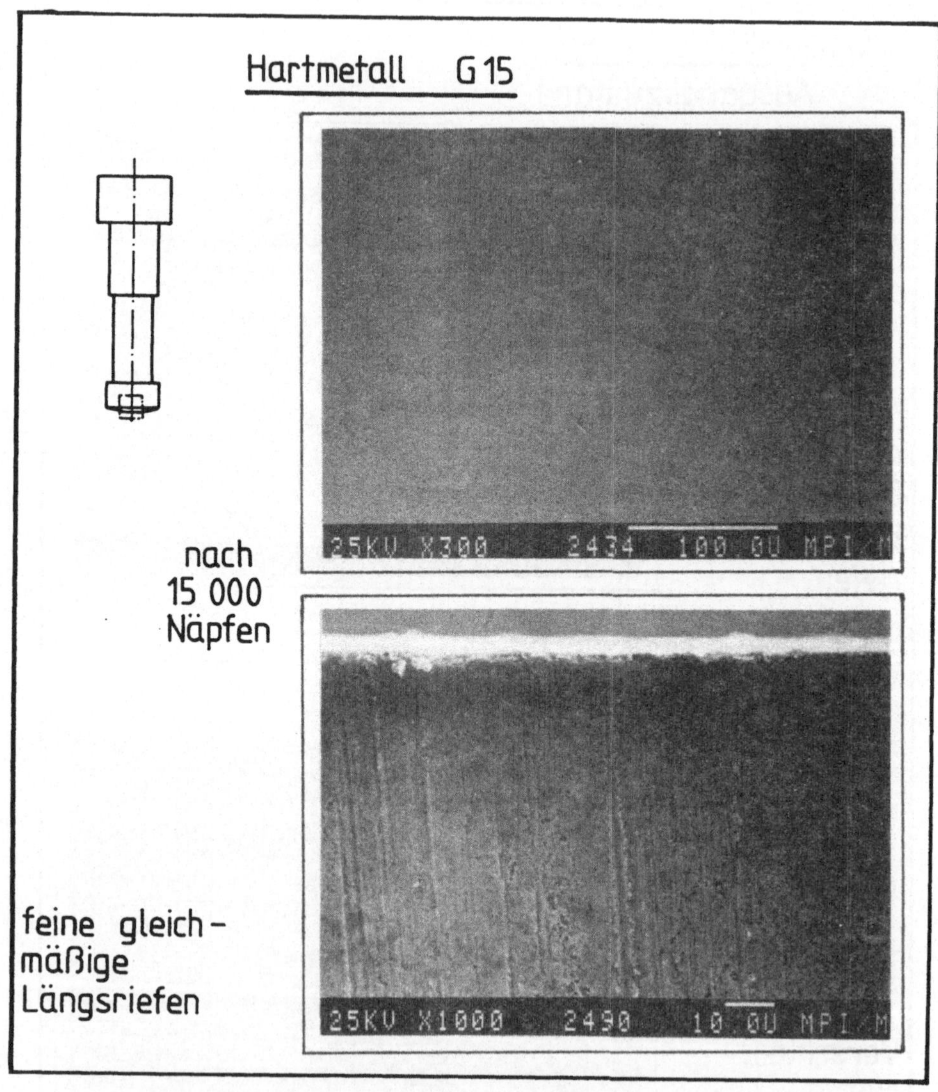

Bild 51 : Oberflächenveränderung am Stempelfließbund (G 15 / 20 MnCr 5 / Raumtemp. / ε_A = 0,71).

7.2 Einfluß der Werkstückwerkstoffe

Die Bilder 52 und 53 zeigen den Verschleißbetrag für Schnellarbeits-stahl- und Kaltarbeitsstahl-Werkzeuge in Abhängigkeit vom umzuformenden Werkstückwerkstoff. Für beide Werkzeugwerkstoffe ergibt sich ein um etwa 30 % höherer Verschleißbetrag bei Verwendung des Vergütungsstahls 41 Cr 4 im Gegensatz zum Einsatzstahl 20 MnCr 5. Der Grund hierfür ist in der erhöhten Fließspannung des Stahls 41 Cr 4 und der resultierenden höheren Werkzeugbelastung zu suchen. Die errechneten axialen Druckspan-nungen in den Fließpreßstempeln betragen für 20 MnCr 5 etwa 3.100 N/mm^2 und für 41 Cr 4 etwa 3.400 N/mm^2. Die sich ergebenden Stempelkräfte zwischen 390 kN und 410 kN stimmten recht gut mit der jeweiligen Kraftanzeige der Maschine überein.

Der höhere Verschleiß bei Verwendung des Vergütungsstahls wurde durch die in Kap. 7.1.2 beschriebene stärkere Aufrauhung der gepreßten Näpfe bestätigt.

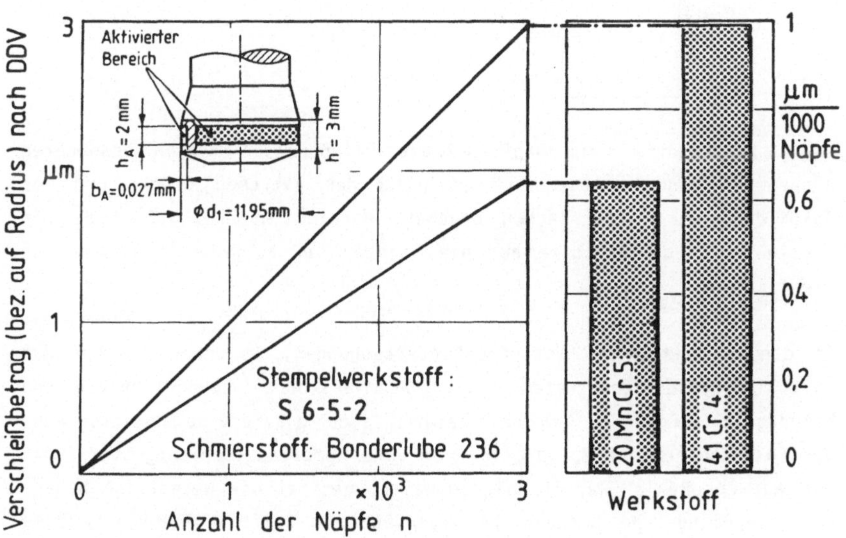

Bild 52: Einfluß der Werkstückwerkstoffe auf den Verschleißbetrag.

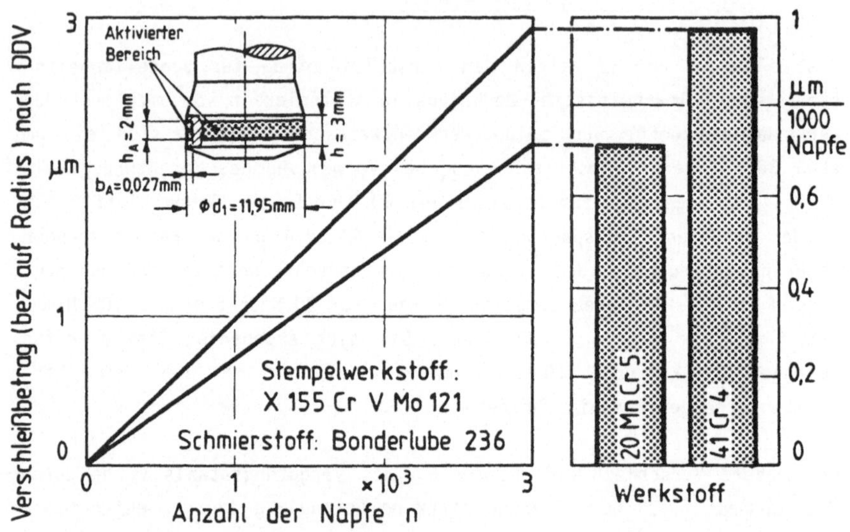

Bild 53: Einfluß der Werkstückwerkstoffe auf den Verschleißbetrag.

7.3 Einfluß der Schmierstoffe

Die Schmierstoffe beim Napf-Rückwärts-Fließpressen müssen besonderen
Ansprüchen genügen, die sich aufgrund der extremen Drücke und der
Ausbildung neuer Oberflächen ergeben. Bereits in Kap. 5.4 wurde der
Einfluß der Schmierstoffe auf die Reibzahl μ ausgewertet und disku-
tiert.

In den durchgeführten Verschleißuntersuchungen, in denen die für das
Kaltfließpressen geeigneten beiden Schmierstoffe: Bonderlube 236 und
Molydag 16 verglichen wurden, zeigten sich gravierende Unterschiede.
Der Festschmierstoff Molydag 16, der eine lamellare Schichtgitterstruk-
tur auf der Basis Graphit/MoS_2 aufweist, besitzt die wesentlich höhere
verschleißmindernde Wirkung im Gegensatz zum Seifenschmierstoff. Dies
läßt sich erklären durch die hohe Druckbeständigkeit senkrecht zu den
Lamellen und den geringen Scherwiderstand in Richtung der Lamellen.

Dem ungünstigen Verschleißverhalten der Seife stehen die bessere Entfernbarkeit und der im Vergleich zum Festschmierstoff niedrigere Preis gegenüber (das Preisverhältnis Seife : Festschmierstoff beträgt etwa 1 : 15).

7.4 Einfluß der Umformgeschwindigkeit

Die Wirtschaftlichkeit der Umformverfahren wird stark beeinflußt von der Arbeitsgeschwindigkeit, d.h. der Hubzahl der Maschine. Hohe Hubzahlen ermöglichen optimale Ausnutzung der Maschinenleistung; zugleich beeinflussen sie aber durch Erhöhung der Stempelauftreff- und Umformgeschwindigkeit das Verschleißverhalten der Werkzeuge.

Die Bilder 54 und 55 stellen den Zusammenhang zwischen Hubzahl und Verschleißbetrag für den Schnellarbeitsstahl und den Kaltarbeitsstahl dar. Mit steigender Hubzahl zeigt sich eine geringe Verschleißzunahme, die möglicherweise auf höhere Relativgeschwindigkeiten und damit höhere Temperaturen in der Wirkfuge zurückzuführen ist. Temperaturmessungen am Stempel und am Napfboden direkt nach der Umformung ergaben Werte knapp unter 200°C (s. auch [2]). Kurzzeitig entstehen örtlich wesentlich höhere Temperaturen [80].

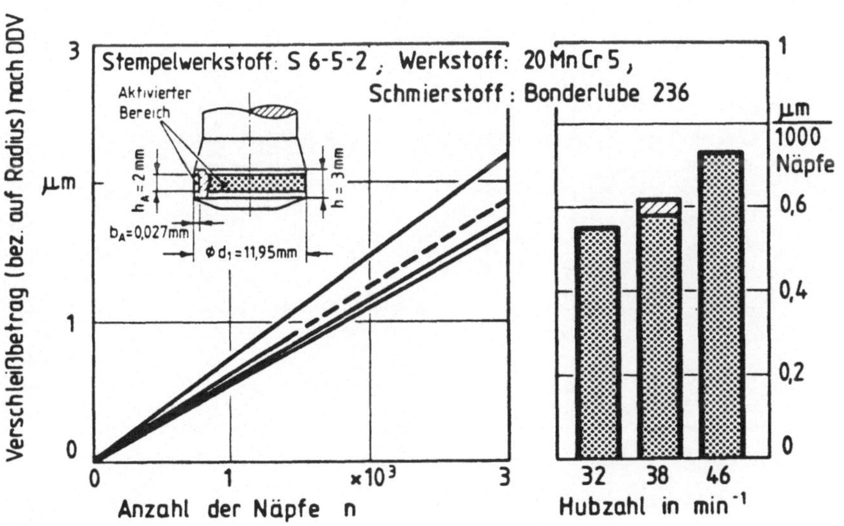

Bild 54: Einfluß der Hubzahl auf den Verschleißbetrag.

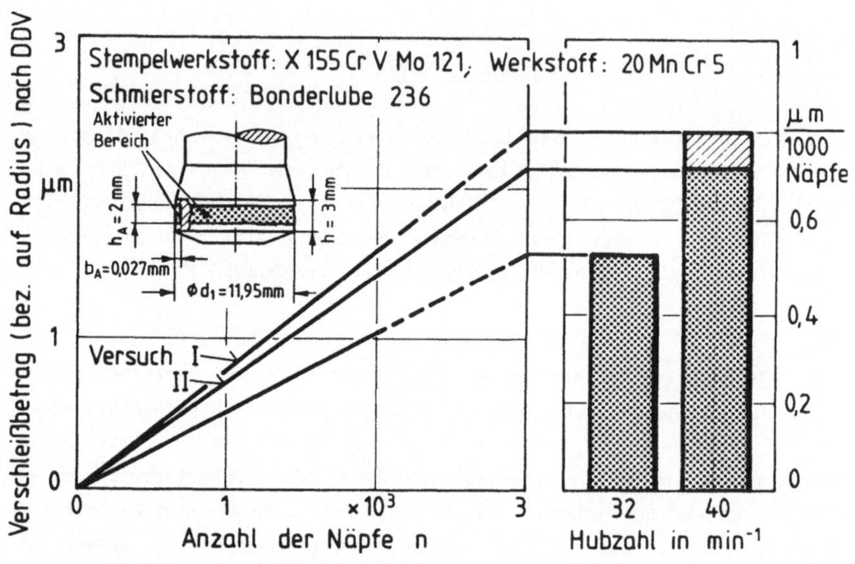

Bild 55: Einfluß der Hubzahl auf den Verschleißbetrag.

Die Übertragbarkeit von Verschleißversuchsergebnissen ist, wie bereits in Kap. 2 diskutiert, mit erheblichen Schwierigkeiten verbunden. Als Voraussetzung für die Übertragbarkeit von Erkenntnissen eines Systems auf ein anderes, müßten Gleichheit von

- Anfangsbedingungen (Beanspruchungskollektiv, tribologische Struktur),
- Ablauf (Reibungsverhalten, thermische Verhältnisse, Schwingungsverhalten) und
- Endzustand (Verschleißkenngrößen, Verschleißerscheinungsformen, Verschleißmechanismen)

erfüllt sein. Die Möglichkeit eines Systemvergleiches hängt von der Genauigkeit der Einzelgrößen der beiden Tribosysteme ab. Dazu können die Merkmale zur Charakterisierung des "Endzustandes" als Vergleichskriterien zu Überprüfung der Übertragbarkeit herangezogen werden [81]. Die wesentlichen sind:

- Verschleißkenngrößen
        Verschleißbetrag
        Fertigungsstückzahl, Durchsatz
- Verschleißerscheinungsformen
        Verschleißpartikel
        Strukturänderungen der Grenzschichten
- Verschleißmechanismen
- Reibungskenngrößen.

Die tribologischen Beanspruchungen der beiden Umformverfahren Stauchen und Napf-Rückwärts-Fließpressen unterscheiden sich stark voneinander. Anhand der elementaren Plastizitätstheorie [82] wurden von Gräbener [22] die maximal auftretenden Werte der drei wesentlichsten die tribologischen Bedingungen beeinflussenden Faktoren ermittelt: Flächenpressung, Relativgeschwindigkeit und Oberflächenvergrößerung. Dabei ergeben sich die folgenden Verhältnisse (Stauchen / Napf-Rückwärts-Fließpressen)

für die Flächenpressung   1,0 : 1,5
für die Relativgeschwindigkeit 1,0 : 2,6
für die Oberflächenvergrößerung 1,0 : 2,4.

Die Analyse der wirkenden Verschleißmechanismen ergab, daß in beiden Fällen gemeinsam Adhäsion und Abrasion dominieren. Hierdurch erfolgt ein Abtrag des Werkzeugwerkstoffes, der sich beim Stauchen hauptsächlich in der Schadensart des Furchungsverschleißes und in Form des "Kolkverschleißes" äußert, während beim Napf-Rückwärts-Fließpressen - ebenfalls durch dominierenden Furchungsverschleiß - eine Werkstoffschicht gleichmäßig über dem Fließbundumfang abgetragen wird.

Der Vergleich der Verschleißbeträge für die beiden Umformverfahren zeigt ein tendenziell gleichartiges Verhalten. So wurden sowohl beim Stauchen als auch beim Napf-Rückwärts-Fließpressen geringere Verschleißbeträge an den Schnellarbeitsstahl-Werkzeugen gegenüber den Kaltarbeits- bzw. Warmarbeitsstählen ermittelt. Die absoluten Werte unterscheiden sich zwar; es sind aber auch an Beispielen unterschiedlich eingesetzter Werkstückwerkstoffe und Schmierstoffe tendenzielle Übereinstimmungen im Verschleißverhalten der Werkzeuge nachzuweisen.

Nach den vorliegenden Ergebnissen eignet sich das Stauchen zwischen ebenen Bahnen durch die Vorteile der einfachen Werkzeugausführung und Vorgehensweise mit Einschränkungen zur Simulation tribologischer Untersuchungen in der Massivumformung. Die jeweils verfahrensspezifischen Merkmale, beim Napf-Rückwärts-Fließpressen z.B. die hohen Relativgeschwindigkeiten und Oberflächenvergrößerungen und auch die Maß- und Formabweichungen, können jedoch durch Stauchversuche nicht befriedigend erfaßt werden.

Zur Frage der Übertragbarkeit der Ergebnisse der Kurzzeitmeßverfahren auf andere tribologische Systeme ist zu beachten, daß sich durch Ändern eines oder mehrerer Parameter auch die tribologischen Verhältnisse des "Tribosystems" ändern. Diese Gegebenheiten sind bei der Variation des Systems entsprechend zu berücksichtigen und zu bewerten.

Die Wirtschaftlichkeit von Verfahren der Massivumformung hängt entscheidend von der Lebensdauer oder der Standzeit der Werkzeuge ab.
Diese wird beeinflußt durch das tribologische System "Umformverfahren"
bestehend aus den Elementen Werkzeug, Werkstück, Schmierstoff und Um-
gebungsmedium. Eine Charakterisierung und Bewertung dieser Einflußgrößen kann Hinweise für eine Optimierung des Systems liefern und damit
helfen, den Verschleiß zu vermindern und die Standzeit der Werkzeuge zu
erhöhen.

Zur Ermittlung des Verschleißes steht eine Vielzahl von Meß- und
Prüfverfahren zur Verfügung, von denen sich jedoch nur wenige zur
exakten Erfassung der sehr geringen Verschleißbeträge in der Massivumformung eignen.

Die daraus und aus dem Stand der Kenntnisse abgeleitete Zielsetzung der
Arbeit umfaßt daher die beiden Schwerpunkte:

- Einführung und Erprobung eines geeingeten Verschleißnachweisver-
  fahrens für Verfahren der Massivumformung, das schon bei niedrigen
  Fertigungsstückzahlen Aussagen über den Verschleißverlauf ermöglicht,
  sowie
- Untersuchung und Bewertung der die Verschleißentwicklung beeinflussenden Größen.

Prinzipiell gibt es zwei Prüfverfahren, die die gestellten Bedingungen
erfüllen. Beide beruhen auf der Messung mittels radioaktiver Isotope:

- Neutronenaktivierungsanalyse und
- Dünnschicht-Differenzen-Verfahren.

Für die Praxis ist das Verfahren der Neutronenaktivierungsanalyse ungeeignet, da es nur auf wenige Werkstückwerkstoffe anwendbar ist. Dagegen
erlaubt das Dünnschicht-Differenzen-Verfahren eine kontinuierliche werk-
stoffunabhängige Verschleißmessung während der Versuchsdurchführung
über die Abnahme der Aktivität des präparierten Werkzeuges aufgrund des

Materialabtrages durch Verschleiß. In Langzeitversuchen wurde die Eignung und Reproduzierbarkeit des Verfahrens nachgewiesen und eine Abschätzung über die minimal nötige Versuchsdauer für Kurzzeitversuche gewonnen. Bezüglich des Strahlenschutzes sind keine aufwendigen Maßnahmen erforderlich.

Mit Hilfe des Kurzzeit-Prüfverfahrens wurde anhand der Umformverfahren "Stauchen zwischen ebenen Bahnen" und "Napf-Rückwärts-Fließpressen" der Verschleißwiderstand verschiedener Werkzeugwerkstoffe untersucht. Dabei zeigte sowohl im Kalt- als auch im Halbwarmumformbereich der Schnell-arbeitsstahl S 6-5-2 im Vergleich zu dem Kaltarbeitsstahl X 155 CrVMo 12 1 und zu dem Warmarbeitsstahl X 40 CrMoV 5 1 den geringsten Verschleißabtrag.

Eine gezielte, den Fertigungsanforderungen genügende Auswahl der Werkstückwerkstoffe mit niedriger Fließspannung vermindert den Werkzeugverschleiß. Sowohl beim Napf-Rückwärts-Fließpressen als auch beim Stauchen wurden geringere Verschleißbeträge bei Verwendung des Einsatzstahls gegenüber dem Vergütungsstahl ermittelt.

Durch den Einsatz geeigneter Schmierstoffe kann der Verschleiß stark reduziert werden. Beste Eigenschaften wurden beim Napf-Rückwärts-Fließpressen für den teuren Festschmierstoff mit einer lamellaren Schichtgitterstruktur gefunden.

Gravierend auf das Verschleißverhalten der Werkzeuge wirkt sich die Umformtemperatur aus. Mit steigender Umformtemperatur überwiegt die thermische Beanspruchung vor anderen Einflußgrößen und erhöht den Werkzeugverschleiß beträchtlich.

Eine geringe Standzeiterhöhung kann durch Herabsetzen der Maschinenhubzahl erreicht werden; die Verschleißminderung steht jedoch in keinem Verhältnis zur dadurch entstehenden Verminderung der Maschinenauslastung.

Die Verschleißmessung mit dem Dünnschicht-Differenzen-Verfahren bewährte sich gut zur schnellen vergleichenden Prüfung von Werkzeugen, Schmierstoffen und o.ä. Nachteilig wirkten sich die relativ hohen

Aktivierungskosten sowie die aufwendige Meßwerterfassung und -auswertung aus. Es bieten sich zwei Möglichkeiten zur zweckmäßigen Nutzung des Verfahrens an:

- Aufbau und Einrichten eines Standard-Versuchsstandes an geeigneter Stelle, der Herstellern und Anwendern von Werkzeugen, Schmierstoffen u.a. die Möglichkeit bietet, ihre Produkte prüfen zu lassen.

- Einsatz des Verfahrens als qualitatives Überwachungssystem an schwer zugänglichen, stark verschleißenden Werkzeugteilen. Durch radioaktive Markierungen der betreffenden Stellen und Verwendung spezieller einfacher Meßgeräte kann eine Fertigungskontrolle erfolgen.

Die praktische Anwendung des Dünnschicht-Differenzen-Verfahrens mit einer Beurteilung des Anfangs- und Endzustandes der Verschleißteile erlaubt eine gezielte Optimierung der Struktur des Tribosystems "Umformverfahren".

Literaturverzeichnis

[1] Habig, K.H.: Ohne genaue Analyse des Reibungsproblems keine optimale Wirkung von Beschichtungen. Handelsblatt Nr. 235, 1983.

[2] Weiergräber, M.: Werkzeugverschleiß in der Massivumformung. Berichte aus dem Institut für Umformtechnik Nr. 73, Universität Stuttgart. Berlin/Heidelberg/New York/Tokyo: Springer 1981.

[3] Schlowag, E.; Quaas, J.: Untersuchung von Verschleißverhalten von Stempeln beim Rückwärts-Fließpressen von Näpfen mittels radioaktiver Isotope. Umformtechnik 9 (1979), S. 14 - 20.

[4] Kloos, K.H.: Werkzeugbeanspruchung. In: VDI-Bericht 432. Düsseldorf: VDI-Verlag 1982.

[5] Broszeit, E.: Modell-Verschleißprüftechnik. In: VDI-Bericht 194. Düsseldorf: VDI-Verlag 1973.

[6] Czichos, H.; Habig, K.H.: Grundvorgänge des Verschleißes metallischer Werkstoffe - Neuere Ergebnisse der Forschung. In: VDI-Bericht 194. Düsseldorf: VDI-Verlag 1973.

[7] Thomas, A.: The Wear of Drop Forging Dies. Tribology in Iron and Steel Works. I.S.I. preprint 125, S. 55 - 61.

[8] Montagut, J.L.: Untersuchungen über thermische und mechanische Beanspruchung. Beanspruchungen und Verschleiß beim Gesenkschmieden. In: INt 10, Int. Gesenkschmiedetagung, London / England 1980.

[9] Doege, E.: Reibung, Verschleiß, Schmierstoffentwicklung beim Gesenkschmieden. HFF-Bericht Nr. 9. 11. Umformtechnischen Kolloquium, Hannover 1984.

[10] Kaufhold, T.: Eigenschaftsänderung von Gesenkoberflächen. Industrie-Anzeiger 105 (1983), S. 41 - 44.

[11] Melching, R.: Verschleiß, Reibung und Schmierung beim Gesenkschmieden. Dr.-Ing. Diss. Universität Hannover 1980.

[12]   Tittagala, S.R.; Beeley, P.R.; Bramley, A.N.: A Hot Work Tool
         Wear Test Machine. Metallurgia 50 (1983), S. 434 - 436.

[13]   Nittel, J.: Kurzzeitverschleißprüfung von Hartmetallen für
         Schneid- und Umformwerkzeuge. Umformtechnik 14 (1980), S. 16 -
         20.

[14]   Becker, H.: Kurzzeit-Schmierstoffprüfung. Ein neues tribolo-
         gisches Prüfverfahren. Dr.-Ing. Diss. TH Darmstadt 1981.

[15]   Kudo, H.; Tsubouchi, M.: Development of a Simulation Testing
         Machine of Friction and Wear Characteristics of Lubricant and
         Tool for Extrusion and Forging. Annals of the CIRP, Vol. 24
         (1975), S. 185 - 189.

[16]   Kudo, H.; u.a.: Determination of Friction and Wear Characteris-
         tics of some lubricants and Tool Materials of Cold Forging with
         the Simulation Testing Machine. Annals of CIRP, Vol 28 (1979),
         S. 159 - 163.

[17]   Oyane, M.; Yoshinaga, R.; Yura, M.; Nakayama, T.: A Testing
         Method for Investigating Friction and Lubrication in Metal
         Working Process. 9th Japanese Spring Congress on Plasting Wor-
         king, Hiroshima/Japan, 1978.

[18]   Oyane, M; Wakasugi, S.; Goto, Y.: A Testing Method for Eva-
         luating Metal Sticking to Tool Surface and Tool Wear. 9th
         Japanese Spring Congress on Plastic Working, Hiroshima/Japan,
         1978.

[19]   Wanheim, T.; Bay, N.: A Model for Friction in Metal Forming
         Processes. Annals of the CIRP, Vol. 27 (1978), S. 189 - 194.

[20]   Voelkner, W.: Experimentelle Methoden der Ermittlung mittlerer
         Reibungskenngrößen. Fertigungstechnik und Betrieb 26 (1976), S.
         678 - 680.

[21]   Czichos, H.; u.a.: Reibung und Verschleiß von Werkstoffen,
         Bauteilen und Konstruktionen. Grafenau: Expert Verlag 1982.

[22]   Gräbener, T.: Entwicklung und Anwendung neuer Schmierstoffprüf-
verfahren für die Kaltmassivumformung. Dr.-Ing. Diss. Universität Stuttgart 1983.

[23]   Heinke, G.: Verschleiß - eine Systemeigenschaft - Auswirkungen
auf die Verschleißprüfung. Zeitschrift für Werkstofftechnik 6
(1975), S. 164 - 169.

[24]   Czichos, H.: Tribology. Amsterdam/Oxford/New York: Elsevier
1978.

[25]   Krause, H.; Takelude, S.: Übertragbarkeit von Verschleißversuchsergebnissen in die Praxis. Tribologie und Schmierungstechnik 30 (1983), S. 340 - 347.

[26]   Habig, K.H.: Möglichkeiten der Verschleißprüfung. Materialprüfung 17 (1975), S. 358 - 365.

[27]   Eßlinger, P.; Uetz, H.: Beitrag zur Problematik der Verschleißprüfung. Materialprüfung 9 (1967), S. 161 - 165.

[28]   Braun, H.: Fachgebiete in Jahresübersichten: Die Anwendung von
Radionukliden in der Technik. VDI-Zeitung 125 (1983), S. 1023 -
1030.

[29]   Wagner, K.; Langenstrassen, R.; Ludwig, S.; Menzel, M.: Zum
Einsatz der radioaktiven Markierung und der Neutronenaktivierungsanalyse für die Untersuchungen von Schichten auf Reibkör-
pern und von Verschleißvorgängen. Schmierungstechnik 12 (1981),
S. 74 - 81.

[30]   Wagner, K.: Die Anwendung von Radionukliden für Verschleiß- und
Schmierungsuntersuchungen. Isotopenpraxis 4 (1968), S. 85 - 94.

[31]   Djatschenko, J.P.; u.a.: Verschleißuntersuchungen mit Hilfe radioaktiver Isotope. Berlin: VEB-Verlag Technik 1958.

[32]   Gervé, A.: Moderne Möglichkeiten der Verschleißmessung mit radioaktiven Isotopen. Zeitschrift für Werkstofftechnik 3 (1972),
S. 81 - 86.

[33] Gervé, A.: Einsatzmöglichkeiten von Radionukliden zur Unter-
      suchung konstruktiver und schmierstoffabhäniger Einflüsse auf
      den Verschleiß von Maschinenteilen. In: VDI-Bericht 196.Düssel-
      dorf: VDI-Verlag 1973.

[34] Verschiedene Autoren: Verschleißmessung mit Radionukliden. TAE-
      Lehrgang. Ostfildern: Technische Akademie Esslingen 1978.

[35] Czichos, H.; Habig, K.H.: Grundvorgänge des Verschleißes me-
      tallischer Werkstoffe - Neuere Ergebnisse der Forschung -. In:
      VDI-Bericht 194.Düsseldorf: VDI-Verlag 1973.

[36] Lausch, W.: Ein Beitrag zur Extrapolation vom Kurzzeit- auf das
      Langzeit-Verschleißverhalten von Kolbenringfläche, -flanke und
      Büchsenlauffläche. Eine Untersuchung mit Hilfe der Radionuklid-
      technik. Kernforschungszentrum Karlsruhe KFK 1979.

[37] Herkert, B.: Die Aktivierung von metallischen Maschinenteilen
      mit geladenen Teilchen zur Durchführung von Verschleißmes-
      sungen. Kernforschungszentrum Karlsruhe KFK 1975.

[38] Emrich, F.G.: Wirtschaftlich-Technische Analyse des Einsatzes
      der Radionuklidtechnik. Verfahren zur Messung des Verschleißes
      von Bauteilen in der Motorenentwicklung mit Hilfe von Radioiso-
      topen. Gesellschaft für Kernforschung mbH, Karlsruhe. Laborato-
      rium für Isotopentechnik 1976.

[39] Vogt, U.: Untersuchungen über das Verschleißverhalten von
      Pleuellagern bei unterschiedlichen Kurbelwellenoberflächen.
      Dr.-Ing. Diss. Universität Stuttgart 1973.

[40] Föhl, J.; Groß, K.J.; Khosrawi, M.A.; Dannöhl, H.-D.; Grim-
      minger, A.: Radioaktive Verschleißmessung an zweiwelligen
      Mischern (Abrasivverschleiß). Tribologie, Reibung, Verschleiß,
      Schmierung. Berlin/Heidelberg/New York/Tokyo: Springer 1982.

[41] Krüger, G.; Schlowag, E.: Eine radioaktive Methode zur Untersuchung des Verschleißverhaltens von Stempeln beim Kaltfließpressen. Zentralinstitut für Isotopen- und Strahlenforschung-
Mitteilungen 9 (1977), S. 181 - 188.

[42] Krainer, E.; Schindler, A.; Potoschnig, R.; Hribernik, B.:
Charakteristische Werkzeugbrüche in der Schadensanalyse. Berg-
und Hüttenmännische Monatshefte 127 (1982), S. 343 - 350.

[43] DIN 50 320: Verschleiß - Begriffe, Systemanalyse von Verschleißvorgängen, Gliederung des Verschleißgebietes. Berlin/Köln:
Beuth-Verlag GmbH 1979.

[44] Uetz, H.: Grundfragen des Verschleißes im Hinblick auf neuere
Erkenntnisse auf dem Gebiet der Verschleißforschung. Braun-
kohle, Wärme und Energie 20 (1968), S. 365 - 376.

[45] Habig, K.H.: Grundlagen des Verschleißes. Schmiertechnik und
Tribologie 28 (1981) S. 114 - 117.

[46] Kloos, K.H.: Werkstoffkunde III + IV (Oberflächentechnik). Vor-
lesungsumdruck TH Darmstadt 1976.

[47] Schmaltz, G.: Technische Oberflächenkunde, Feingestalt und Eigenschaften von Grenzflächen technischer Körper insbesondere
der Maschinenteile. Berlin: Springer 1936.

[48] Kowallick, G.: Formpressen von Stahl im Bereich mittlerer Umformtemperaturen "Halbwarmschmieden". Dr.-Ing. Diss. Universität Hannover 1979.

[49] Schröder, G.; Boer, C.R.: Bedeutung der Werkzeugtemperatur in
der Warmumformung. Draht 35 (1984), S. 112 - 115.

[50] Schlowag, E.; Pöhlmann, W.: Voruntersuchungen zum Fließpressen
von Stahl zwischen Raumtemperatur und Warmformgebungstempera-
tur. Der Maschinenbau 18 (1969), S. 289 - 294.

[51] Lange, K.; u.a.: Kaltmassivumformung. VDI-Bericht 266. Düsseldorf: VDI-Verlag 1976.

[52]   VDI-Richtlinie 3166 Blatt 1. Halbwarmfließpressen von Stahl (1977).

[53]   Kaiser, H.: Möglichkeit zur Prüfung von Schmierstoffen zum Kalt- und Warmfließpressen von Stahl. Industrie-Anzeiger 93 (1971), S. 2311 - 2313.

[54]   Schröder, G.; Schey, J.A.: Bedeutung der Schmierstoffe bei der Entwicklung neuer Umformtechnologien. Tribologie und Schmierungstechnik 30 (1983), S. 94 - 99.

[55]   Doehring, R.: Die Schmierung bei der Halbwarmumformung. Draht 24 (1973), S. 70 - 72.

[56]   Dannenmann, E.; Stefanakis, J.: Anforderungen an Schmierstoffe für das Halbwarmfließpressen von Stahl. Industrie-Anzeiger 97 (1975), S. 1743 - 1746.

[57]   Pawelski, Ü.; Graue, G.; Löhr, D.: Reibungsbeiwert und Temperaturverteilung beim Warmumformen von Stahl mit verschiedenen Schmiermitteln. Schmiertechnik und Tribologie 17 (1970), S. 120 - 125 und S. 170 - 174.

[58]   Herrmann, K.-H.: Kühlen und Schmieren von Stempeln für das Warmfließpressen. wt-Zeitung f. ind. Fert. 70 (1980), S. 111 - 113.

[59]   Yamakoski, N.; Minami, T.: Neues Schmierverfahren bei der Halbwarmumformung. Draht 25 (1974), S. 694 - 697.

[60]   Brankamp, K.: Auswirkung der Prozeßüberwachung bei der Kaltmassivumformung einschließlich Kosten-Nutzen-Betrachtung. VDI-Bericht 445. Düsseldorf: VDI-Verlag 1982.

[61]   Brüninghaus, G.; Brankamp, K.; Bongartz, B.: Produktivitätsverbesserung durch Sensoren in Werkzeugmaschinen. Industrie-Anzeiger 107 (1985), S. 51 - 53.

[62]   Ullmann, E.: Encyklopädie der technischen Chemie. 4. Aufl. Weinheim: Verlag Chemie GmbH 1980.

[63]   Wellinger, K.; u.a.: Werkstofftabellen der Metalle. Stuttgart:
       Alfred Kröner Verlag, 1972.

[64]   Uetz, H.: Tribologie. Vorlesungsunterlagen Lehrstuhl für Mate-
       rialprüfung, Werkstoffkunde und Festigkeitslehre. Universität
       Stuttgart, 1981.

[65]   Schuricht, V.: Strahlenschutzphysik. Berlin: VEB, Deutscher Ver-
       lag der Wissenschaft 1975.

[66]   Nittel, J.: Kurzzeitverschleißprüfung von Hartmetallen für
       Schneid- und Umformwerkzeuge. Umformtechnik Zwickau 14 (1980),
       S. 16 - 20.

[67]   Wiegand, H.; Kloos, K.H.: Der Kaltstauchversuch als Modellum-
       formverfahren zur Erfassung der Reibungs- und Oberflächenvor-
       gänge. wt - Zeitschrift f. ind. Fert. 56 (1966), S. 129 - 137.

[68]   Gervé, A.: Die wichtigsten Verschleißmeßmethoden der Isotopen-
       technik. Kerntechnik 14 (1972), S. 204 - 209.

[69]   Geiger, R.: Einfluß der Temperatur auf die Größes des Reibwer-
       tes verschiedener Schmierstoffe beim Umformen von Stahl. In-
       dustrie-Anzeiger 92 (1970), S. 1553 - 1554.

[70]   Geiger, R.; Stefanakis, J.: Ringstauchen und Napf-Rückwärts-
       Fließpressen als Verfahren zur Prüfung von Schmierstoffen für
       das Massivumformen. Industrie-Anzeiger 96 (1974), S. 2245 2246.

[71]   Burgdorf, M.: Über die Ermittlung des Reibwertes für Verfahren
       der Massivumformung durch den Ringstauchversuch. Industrie-An-
       zeiger 89 (1967), S. 15 - 20.

[72]   Bundesgesetzblatt: Verordnung über den Schutz vor Schäden durch
       ionisierende Strahlen (Strahlenschutzverordnung) 1976.

[73]   Verein dt. Eisenhüttenleute: Taschenbuch der Stahl-Eisen-Werk-
       stoffblätter. Düsseldorf: Verlag Stahleisen mbH, 1977.

[74]   Zum Gahr, K.H.; u.a.: Reibung und Verschleiß. Mechanismen -
       Prüftechnik - Werkstoffeigenschaften. Fortbildungsseminar der
       DGM, Siegen 1983.

[75] Rooks, B.W.; Tobias, S.A.; Ali, S.M.J.: Some Aspects of Die Wear in High-Speed Hot Forging. Advances in Machine Tool Design and Research. Oxford/New York: Pergamon Press, 1971.

[76] Renaudin, J.F.; Felder, E.; Thore, Y.: Etude des condiitions d'interface en forgiage à chaud des aciers avec un modèle d'écoulement dissymétrique et vérification experimentale. Mémoires et Etudes Scientifiques. Revue de Métallurgie (1984), S. 565 - 573

[77] Renaudin, J.F.; Batit, G.; Thore, Y.; Felder, E.: Verfahrensgang für ein Computerprogramm zur Vorplanung der Abrasionsverschleißes auf Gesenkschmieden. 11. Intern. Gesenksschmiedetagung, Köln 1983.

[78] Renaudin, J.F.; Thore, Y.; Felder, E.: The Tribology of a Simple Hot Forging Process: Influence of Lubrication and Nitriding Treatment. Proc. of the 1st Int. Conf. on Technology of Plasticity, Vol. I . Tokyo/Japan 1984.

[79] König, W.; Steffens, K.; Bieker, R.: CAD Moduln zur Stoffflußsimulation. Industrie-Anzeiger 107 (1985), S. 22 - 26.

[80] Klafs, U.: Ein Beitrag zur Bestimmung der Temperaturverteilung in Werkzeug und Werkstück beim Warmumformen. Dr.-Ing. Diss. TU Hannover 1969.

[81] Uetz, H.; Sommer, K.; Khosrawi, M.A.: Übertragbarkeit von Versuchs- und Prüfergebnissen bei abrasiver Verschleißbeanspruchung auf Bauteile. In: VDI-Bericht 354. Düsseldorf: VDI-Verlag 1979.

[82] Lange, K.: Lehrbuch der Umformtechnik Bd. 1, 2. Auflage, Grundlagen. Berlin/Heidelberg/New York/Tokyo: Springer 1984.

Berichte aus dem Institut für Umformtechnik der Universität Stuttgart

Herausgeber Professor Dr.-Ing. Kurt Lange

Die Berichte 62 und folgende sind zu beziehen durch den Springer-Verlag, Berlin Heidelberg New York Tokyo

Die Berichte 62 und folgende sind zu beziehen durch den Springer-Verlag, Berlin Heidelberg New York Tokyo